中央高校教育教学改革基金（本科教学工程）资助
中国地质大学（武汉）"土木工程实践系列教材建设"项目资助

土木工程专业生产实习指导书
地下建筑工程分册

TUMU GONGCHENG ZHUANYE SHENGCHAN SHIXI ZHIDAOSHU
DIXIA JIANZHU GONGCHENG FENCE

蒋　楠 主　编
罗学东　谭　飞　程　瑶 副主编

中国地质大学(武汉)土木工程实践系列教材编委会

目　录

1 地下建筑专业生产实习大纲

1.1 生产实习的目的与意义

地下建筑工程生产实习是在完成教学认识实习和修完“凿岩爆破”“岩体力学”“岩土加固”等专业课的基础上进行的实践性专业实习。

通过生产实习，可使学生进一步巩固和加深所学过的理论知识，将理论与实践相结合，扩大专业知识面；通过参加生产性实践活动，掌握地下建筑工程施工和管理的各个环节，培养学生从事地下建筑工程设计、施工和管理的初步能力以及运用所学专业知识分析和解决实际工程中出现的问题的能力，并为后续专业课程，如“地下建筑结构”“地下建筑工程施工”“企业与项目管理”等的学习打下基础。

1.2 生产实习基本要求

为了达到生产实习的目的，结合地下建筑工程专业人才培养目标，对生产实习提出下列具体要求：

(1)施工技术方面。结合施工现场的实际情况，熟悉、了解并掌握地下建筑工程设计、施工技术、工艺特点，巩固、加深、扩大对地下建筑工程施工工序及施工机械设备的认识，并掌握地面辅助设施的分布情况，了解施工现场所采用的施工方法，对其合理性进行分析、评述，从而建立地下建筑工程设计与施工的全面概念。

(2)施工技能方面。在生产实习过程中，要求学生尽可能地争取参加一段时间的生产性实践活动，熟悉地下建筑工程施工方法、施工机械和设备，初步掌握一些常用机械设备的操作方法，学会现场标定的方法，并能对所获得的数据和资料进行综合分析。

(3)施工管理方面。了解施工单位的组织机构以及技术管理、生产管理、施工组织管理、设备管理、成本管理的方法；熟悉工程招标、投标以及工程概算、预算编制及合同管理等方面的内容，并对现行管理方法和合理性进行分析评述。

1.3 生产时间计划安排

1.3.1 实习时间

实习时间为每学年暑假7月至8月之间,共6周(40天)时间,具体安排如下。

(1)准备阶段:实习动员(包括实习大纲发放,实习内容、实习安全问题的讲解)、联系实习工地。

(2)实习阶段:工地实习。

(3)总结阶段:实习报告编写、实习答辩。

1.3.2 实习工地的选择

(1)选择实习工地时,尽量联系与地下建筑工程相关的工程工地,如公路隧道工程工地、城市地铁工地、越江隧道工地、地下通道或基坑工地、引水隧道工程工地、大型矿山井下与露天工地等。

(2)实习开始前按大纲的要求慎重选择并确定实习工地,一般情况下不得选择低等级的施工技术及工程管理较简单的工地进行实习,最好选定一个大中型的工程任务饱满的先进施工现场实习。

(3)选择实习工地时,应注意工程进度,尽可能地选在工程进度处于主体结构或复杂的基础施工阶段。

(4)选定实习工地的同时应确定工地实习指导人。工地实习指导人应具有一定的技术职称(如工程师、高级工程师或监理工程师等)。

在选定实习工地后将实习地点、实习工程名称、工地电话及签字后的安全保证书寄给生产实习指导老师,以备老师随时检查学生实习情况。

1.4 生产实习方式与内容

生产实习主要通过生产实践达到实习的目的。实习期间,学生以工地基层技术人员助手的身份,在工地技术人员的指导下参与工地生产业务活动和技术管理工作。学生还应适当参加班组生产劳动,生产实习指导老师及工地实习指导人应组织一定的现场教学或带领学生参观某些已建或在建的工程,还可以组织学生听关于新技术、新工艺和新材料方面的报告,以扩大学生的知识领域。实习的具体内容一般包括如下几个方面。

(1)掌握工程现场背景及技术资料。首先是学习安全教育知识。通过对安全注意事项进行学习,分析安全事故案例,对经验教训进行总结。

其次是了解工程概况。主要包括以下几个方面内容:①工程背景,主要了解掌握施工现场的地理位置、交通情况、工程的类型、工程规模、工程用途及工期等背景资料;②工程地质条件,主要了解掌握工区地形地貌、岩性、断层或破碎带的分布、围岩的主要性质、围岩分类情况等;③水文地质条件,主要了解掌握工区附近河流的分布情况、地下水位标高、地下水量的大小及水质情况等。

最后是学习现场施工工艺及技术方案。主要学习现场施工开挖、运输、支护等工艺及其他技术方案。

(2)参观施工现场。主要包括:①参观施工工作面现场;②参观地面辅助车间;③参观施工材料工棚;④参观现场施工机械设备。

(3)工程现场跟班学习。

2 地下建筑专业生产实习组织保障

2.1 生产实习安全措施

2.1.1 一般安全知识

(1)学生进入实习现场时,必须戴安全帽。

(2)在上岗操作前,必须检查施工环境是否符合要求、道路是否畅通、机具是否牢固、安全措施是否配套、防护用品是否齐全,经检查符合要求后,才能上岗操作。

(3)操作的台、架经安全检查部门验收合格后才准使用;经验收合格的台、架,未经批准不得随意改动。

(4)大、中、小型机电设备要由持证上岗人员专职操作、管理和维修,非操作人员一律不准启动使用。

(5)同一垂直面遇有上下交叉作业时,必须设置安全隔离层,下方操作人员必须戴安全帽。

(6)高处作业人员的身体要经医生检查合格后才准上岗。

(7)在深基础或夜间施工处应设有足够的照明设备。行灯照明必须有防护罩,并不得超过36V的电压,金属容器内行灯照明不得超过12V的安全电压。

(8)在室内外的井、洞、坑、池、楼梯应设置安全护栏或防护盖、罩等设施。

(9)不要将钢筋集中堆放在模板或脚手架的某一部位,以保证安全;特别是悬臂构件,更要检查支撑是否稳固,在脚手架上不要随便放置工具、箍筋或钢筋,避免放置不稳而滑下伤人。

(10)绑扎筒式结构(如烟囱、水塔等)时,不准踩在钢筋骨架上操作或上下作业;绑扎骨架时,绑孔架应安设牢固。

(11)操作架上抬钢筋时,两人应同肩,动作协调,落肩要同时、慢放,防止钢筋弹起伤人。

(12)应尽量避免在高空修整、扳弯粗钢筋,必须操作时,要系安全带并选好位置,人要站稳,防止因脱板而导致摔倒。

(13)不准乘坐龙门架、吊篮、施工电梯上下建筑物。

(14)要确定在建工程的楼梯口、电梯口、预留洞口、通道口以及各种临边有无防护措施,不得随意靠近。

(15)在脚手架上操作时,要确定有无挑头架板,并注意防滑。

(16)在阴雨天，要防雷电袭击，尽量不要接近金属设备和电器设备。

(17)未经许可不得随意操作施工现场机械、用电设备。

(18)不得随意出入施工现场设有警戒标志的地区。

(19)不得随意跨越正在受力的缆绳。

(20)不得站在正在作业的吊车的工作范围内。

(21)在工地上行走时，应注意上、下、左、右是否存在安全隐患，如地面的“朝天钉”、顶棚和侧面突出的支架、钢筋头等。

2.1.2 安全技术知识

1.使用张拉设备时的安全注意事项

1)千斤顶

(1)使用千斤顶时不允许超过规定的负荷和行程。

(2)千斤顶放置位置必须正确、平正。

(3)在测量拉伸长度、加模块和拧紧螺栓时应先停止作业。

(4)只准许操作人员站在两侧操作，免遭钢筋断震伤人的危险。

2)高压油泵

(1)使用高压油泵时，不允许超负荷运转；安全阀必须按设备额定油压或使用油压调整好压力，不准随意调整。

(2)机壳必须接地，在线路绝缘情况检查无误后，才可接通电源，进行试运转。

(3)紫铜管或耐油橡胶管必须耐高压，其工作压力不得高于油泵的额定油压或实际工作的最大油压；油管长度宜大于2.5m。

(4)当一台油泵同时带动两台千斤顶时，油管规格应保持一致，紫铜管不宜弯曲，焊接接头要严密牢固。

2.一般要求

(1)预应力钢筋张拉前，应先检查电源线路、张拉设备、制动装置及焊接接头强度，确认安全可靠后才准操作。

(2)在操作过程中，如发生故障，应立即切断电源，进行检修；待检修完成合格后，才准恢复操作。

(3)张拉钢筋要严格按照计算确定的应力值和伸长率进行，不得任意改动。

(4)在张拉时，各种锚、夹具要有足够的长度和夹紧能力，防止钢筋或部件滑出伤人。

(5)在构件拼装过程中张拉钢筋时，不准在梁架纵轴方向两端行走，以免伤人。

(6)在构件拼装张拉结束后、混凝土或砂浆未凝固前，桁架两端应设防护设施。

(7)选择高压油泵的位置时，应考虑如张拉过程中构件突然被破坏，操作人员有立即躲避的地方。

(8)电热张拉时，如发生碰火现象，应立即停电检查，待重新绝缘安全后再恢复通电。

2.2 生产实习纪律要求

(1)遵守学校的各项规章制度和现场施工纪律与安全技术管理规定,按时上下班,保证出勤率,不得迟到、早退与旷课。实习期间一般不准请假,如有特殊情况者,应向实习领导小组请假。

(2)切实注意安全第一,在保证安全与质量的前提下,完成实习单位(指导教师、技术人员)布置的任务。

(3)学生每天必须写实习日记。学生在写好日记的基础上,在实习后期对实习进行全面总结,写实习报告并交给实习指导教师。

(4)实习期间严禁串点,一经发现按旷课处理;造成事故,从严处理。实习期间,学生不得在工地打扑克、下棋等。

(5)爱护公物。实习使用的仪器要妥善保管,严格执行借还的规定。

(6)要尊重领导,团结同志,努力工作,刻苦学习,维护校誉。

(7)注意路途交通安全,遵守社会公德。

(8)在实习现场,严禁看书、打闹。进入现场必须戴安全帽。

(9)高空作业或在高空作业现场时,注意上下配合,防止高空坠落。机电设备应由专业人员操作,非机电人员不准动用机电设备。

(10)实习期间,学生着装应符合规定要求。进入实习工地时,必须戴安全帽,男女生不准穿拖鞋、凉鞋,女生不准穿高跟鞋、裙子。

(11)在实习期间,应注意文明礼貌,有损学院和专业的话不说,有损学院和专业的事不做;不准打架斗殴,遇事克制、冷静;不得讥讽、嘲笑工人师傅,更不得侮辱、谩骂工人师傅。

(12)遵守现场工地的一切规章制度,特别是安全制度。

(13)服从指挥,注意保护建筑成品、半成品。

(14)实习期间,学生应服从组长的安排,不得与组长和安全员发生争执。

(15)学生应在指导教师或工程技术人员的指导下进行操作,不得私自进行操作。

(16)学生应在指定的场所活动,不得私自脱离工作岗位单独活动。

(17)在工作中,学生应积极主动,不得偷懒耍滑。

(18)实习期间,无论发生什么问题或事故,都必须及时报告指导教师或代班师傅,不得自行处理。

(19)实习期间,学生不得酗酒闹事,不得吵架。

(20)实习期间,学生应注意保护自己的劳动工具、生活用品等。

(21)学习期间,学生还应注意做好防火、防毒等工作。

(22)实习期间,一般不得请假,如遇特殊情况,必须履行请假手续,待批准后方可离开实习工地。

2.3 生产实习安全承诺书

工程学院实习安全承诺书

学院领导：

我是________专业________班学生________，________年____月____日至____月____日，我将在________指导/带队教师的指导下，赴____________________实习，为期________天。为了确保外出期间人身安全，现做出如下安全保证：

(1)以班为单位，统一乘车前往实习基地。

(2)认真学习、听取实习点负责人和指导、带队教师的安全教育，严格遵守实习安全纪律。

(3)去林区实习，严格遵守《森林防火条例》要求，不携带打火机、火柴等明火以及汽油、柴油等违禁物品。

(4)在实习现场遵守指挥人员的指挥，并按要求佩戴安全帽和其他安全装备；不违规操作仪器设备；不乱跑、乱撞、乱动；不擅自离队。

(5)确保人身、财产安全。妥善保管个人物品；遵守实习基地作息时间，不晚归，不外出上网、聚餐、娱乐；不酗酒，不赌博，不打架斗殴，不使用违章电器、易燃易爆或有毒等危险物品；不从事危险活动，包括下河游泳、攀爬高物等；注意交通安全，避免意外损失或损伤。

(6)注意饮食卫生，不在无证经营的饮食小摊及其他不卫生的场所就餐，不吃过期变质的食物；身体出现不适，及时到实习基地医务室或医院治疗。

(7)分散实习需实习指导老师批准，并提前一周到学工组办理离校手续；分散实习期间，每周至少主动联系指导老师一次，汇报实习及生活情况；实习结束，按时返校，及时销假。

(8)外出实习调研期间，继续保持高度政治觉悟，不从事任何违法犯罪活动，不参加法轮功等邪教组织，不参加传销等非法组织。

以上安全保障条例，我保证做到。若有违反，愿意接受学校处罚。

学生签字：______________

________年____月____日

说明：

(1)办理此实习手续并销假后将此表交给指导老师，方能计入实习成绩，否则实习将不能计入成绩。

(2)若集中实习后就地解散回家，可在带队老师处销假；其他情况，应到学工组销假。

2.4 生产实习单位介绍信

介绍信

贵单位：

　　兹有中国地质大学(武汉)地下空间工程系　　　班　　　　　　　同学共　　人到您处联系生产实习事宜，请予接洽为盼！

中国地质大学(武汉)地下空间工程系

年　　月

2.5 生产实习评定表

中国地质大学(武汉)生产实习评定表

<table>
<tr><td colspan="3">班级</td><td>姓名</td><td>实习单位及地点</td></tr>
<tr><td colspan="3"></td><td></td><td></td></tr>
<tr><td>实习主要内容</td><td colspan="4">实习主要内容:
1.工种实习
2.施工组织设计
3.管理(内业)</td></tr>
<tr><td rowspan="2">实习评语</td><td>自我鉴定</td><td colspan="3">(按实习大纲完成内容情况、实习纪律、实习态度、实习成果整理情况、实习单位的关系)</td></tr>
<tr><td>指导人评语</td><td colspan="3">单位签章: 指导人签名: 年 月 日</td></tr>
<tr><td>实习答辩成绩</td><td colspan="4">教师签名: 年 月 日</td></tr>
</table>

实习指导人(签名) 实习单位(公章)

2.6 生产实习单位回执表

中国地质大学(武汉)学生联系生产实习单位回执

实习人	姓名: 班级: 联系方式(电话): 家庭详细通讯地址:
实习单位	单位名称: 企业资质等级:
工程项目概况	工程名称: 详细地点: 工地电话: 工程类型: 工程规模: 实习期间工地概貌:
实习指导人	姓名: 职务或职称:
其他必须说明的问题	

请认真填写,并于 年 月 日前寄回导师。

3　隧道工程生产实习内容

3.1　盾构法隧道工程实习

3.1.1　盾构法施工概述

3.1.1.1　盾构机的简介

盾构实际上是盾构机的简称。它是一个横断面外形与隧道外形相同、尺寸稍大，内藏挖土、排土的机具，是自身设有保护外壳的用于暗挖隧道的机械。以盾构为核心的一整套隧道施工方法简称盾构施工法，又称盾构法。盾构施工法由稳定开挖面、盾构机挖掘和衬砌三大要素组成。盾构法施工的概貌如图 3－1 所示。具体步骤：在隧道的一端建造竖井或基坑，将盾构安装就位；将盾构在竖井或基坑的墙壁处开孔出发，在地层中沿着设计轴线，向另一竖井或基坑的孔洞推进；盾构推进中所受到的地层阻力，通过盾构千斤顶传至盾构尾部已拼装的隧道衬砌结构上，再传到竖井或基坑的后靠壁上。盾构机是这种施工方法中主要的独特施工机具。

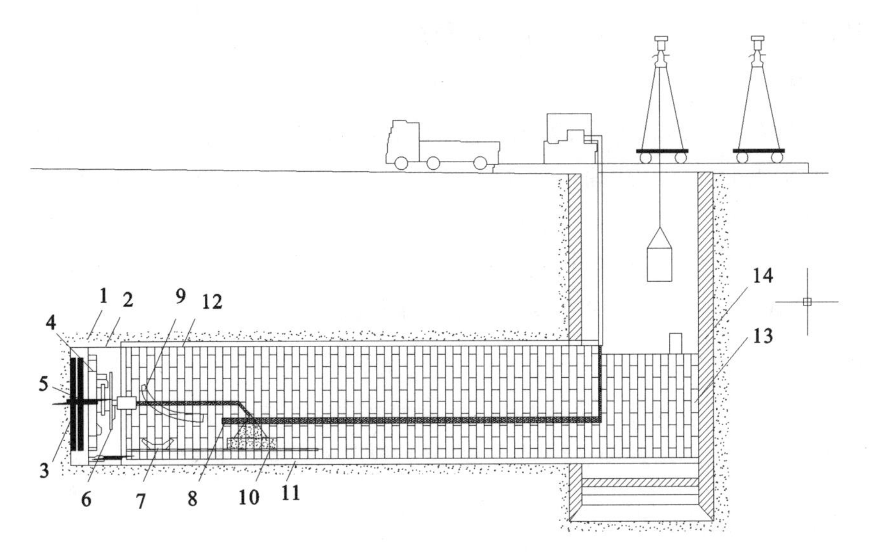

图 3－1　盾构法施工示意图

1—盾构；2—盾构千斤顶；3—盾构正面网格；4—出土转盘；5—出土皮带运输机；6—管片拼装机；7—管片；8—压浆泵；9—压浆孔；10—出土机；11—管片组成衬砌结构；12—盾尾空隙中的压浆；13—后盾管片；14—竖井

3.1.1.2 盾构法作用原理

盾构法作用原理：首先要向开挖面掘进相当于装配式衬砌宽度的土体，安装盾构设备，形成外部支撑，在外部盾壳的支撑下开挖地层、安装衬砌；在盾构内部结构中，根据施工方法不同可添设水平隔板和竖向隔板，将盾构分成若干工作室；盾尾部分无支撑结构，在其掩护下拼装衬砌砌块；盾构的前进是靠在已拼装好的衬砌环上的千斤顶向前的推力实现的。

盾构机的构造：盾构机的通用、标准外形是圆筒形，盾构机的壳体由切口环、支撑环和盾尾三部分组成，借外壳钢板连成整体，如图 3-2 所示。

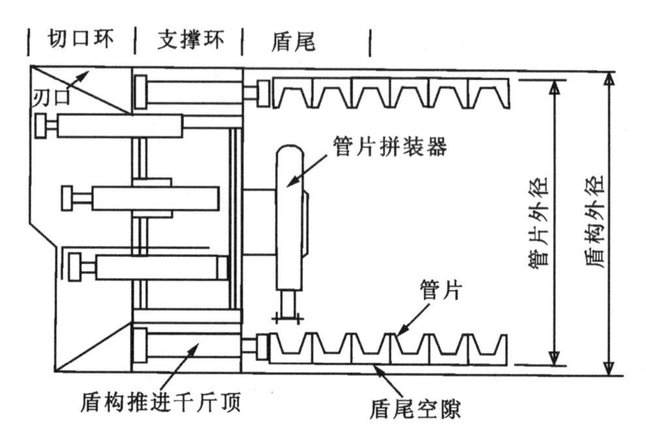

图 3-2　通用盾构机构造简图

1. 盾构切口环

切口环位于盾构的最前端，将切口环的前端做成均匀刃口，施工时切入地层，掩护开挖作业。切口环部分主要用来容纳施工人员和各种挖土的设备。

2. 盾构支撑环

支撑环紧接切口环之后，处于盾构中部。所有的地层压力、千斤顶的外力以及切口、盾尾、衬砌拼装时传来的施工荷载均由支撑环承担。在支撑环的外沿布置盾构以推进千斤顶。大型盾构机的所有液压、动力设备，操纵控制系统，衬砌拼装机具等均被设在支撑环位置。在中、小型盾构机上则可把部分设备移到盾构机后部的车架上。当正面局部加压盾构机，切口环内压力高于常压时，在支撑环内要设置人工加压与减压闸室。

3. 盾尾部分

盾尾部分一般是由盾构外壳延伸构成，它的作用主要是掩护衬砌拼装工作。为防止水、土及注浆材料从盾尾与衬砌的间隙中挤入盾构内，要在盾尾与支护之间布置密闭装置。

3.1.1.3 盾构法的主要优点

(1)除竖井施工外，施工作业均在地下进行，噪声、振动引起的公害小，既不影响地面交通，又可减少对附近居民的噪声和振动影响。

(2)盾构推进、出土、拼装衬砌等主要工序循环进行,施工易于管理,施工人员也较少,劳动强度低,生产效率高。

(3)施工安全。在盾构设备掩护下,于不稳定土层中,可安全进行掘砌作业。

(4)暗挖方式。施工时与地面建筑物及交通互不影响,不受风雨等气候条件影响。

(5)施工费用受埋深的影响小,有较高的技术经济优越性。

3.1.1.4 盾构的分类

盾构的种类如表 3-1 所示。

表 3-1 盾构的种类

<table>
<tr><td rowspan="7">盾构</td><td rowspan="3">全面敞开式</td><td colspan="2">手掘式</td></tr>
<tr><td colspan="2">半机械式</td></tr>
<tr><td colspan="2">机械式</td></tr>
<tr><td>半敞开式</td><td colspan="2">挤压式</td></tr>
<tr><td rowspan="3">闭胸式</td><td rowspan="2">土压平衡式</td><td>土压式</td></tr>
<tr><td>泥土压式</td></tr>
<tr><td colspan="2">泥水加压式</td></tr>
</table>

1. 按挖掘土体的方式分类

按挖掘土体的方式,盾构可分为手掘式盾构、半机械式盾构及机械式盾构 3 种。

(1)手掘式盾构。掘削和出土均靠人工操作进行的方式(图 3-3)。

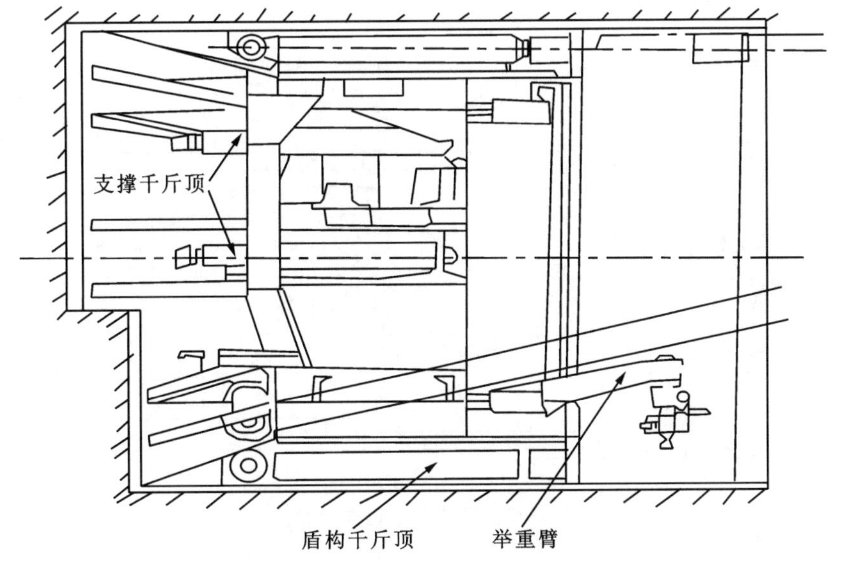

图 3-3 手掘式盾构示意图

(2)半机械式盾构。大部分掘削和出土作业由机械装置完成,但另一部分仍靠人工完成(图 3-4)。

(3)机械式盾构。掘削和出土等作业均由机械装备完成。

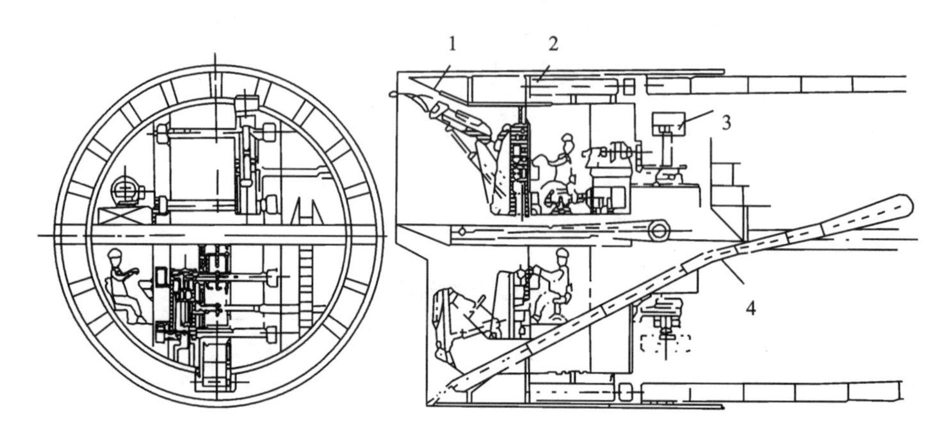

图 3-4　半机械式盾构示意图

1—反铲掘削机;2—盾构千斤顶;3—杠杆式拼装器;4—皮带运输机

2. 按掘削面的挡土形式分类

按掘削面的挡土形式,盾构可分为开放式、部分开放式、封闭式 3 种。

(1)开放式。掘削面敞开,并可直接看到掘削面的掘削方式。

(2)部分开放式。掘削面不完全敞开,而是部分敞开的掘削方式。

(3)封闭式。掘削面封闭,不能直接看到掘削面,而是靠各种装置间接地掌握掘削面。

3. 按加压稳定掘削面的形式分类

按加压稳定掘削面的形式,盾构可分为压气式、泥水加压式、削土加压式、加水式、加泥式、泥浆式 6 种。

(1)压气式。向掘削面施加压缩空气,用该气压稳定掘削面(图 3-5)。

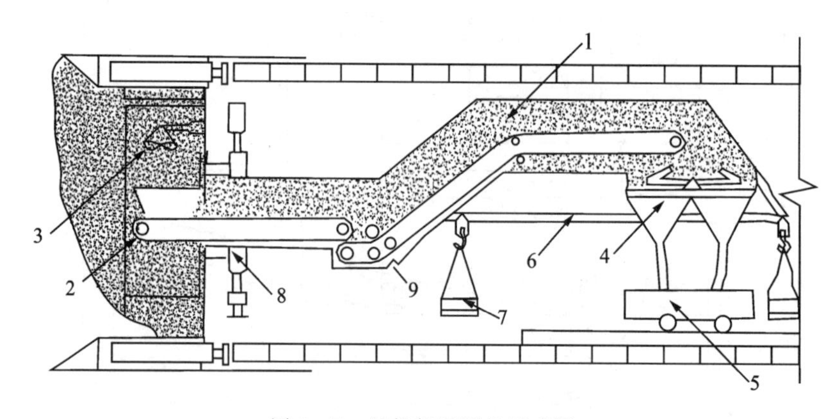

图 3-5　局部气压盾构示意图

1—气压内出土运输系统;2—胶带输送机;3—排土抓土;4—出土斗;5—运土车;6—运送管片单轨;7—管片;8—衬砌拼装器;9—伸缩接头

(2)泥水加压式。用外加泥水向掘削面加压稳定掘削面(图 3-6)。

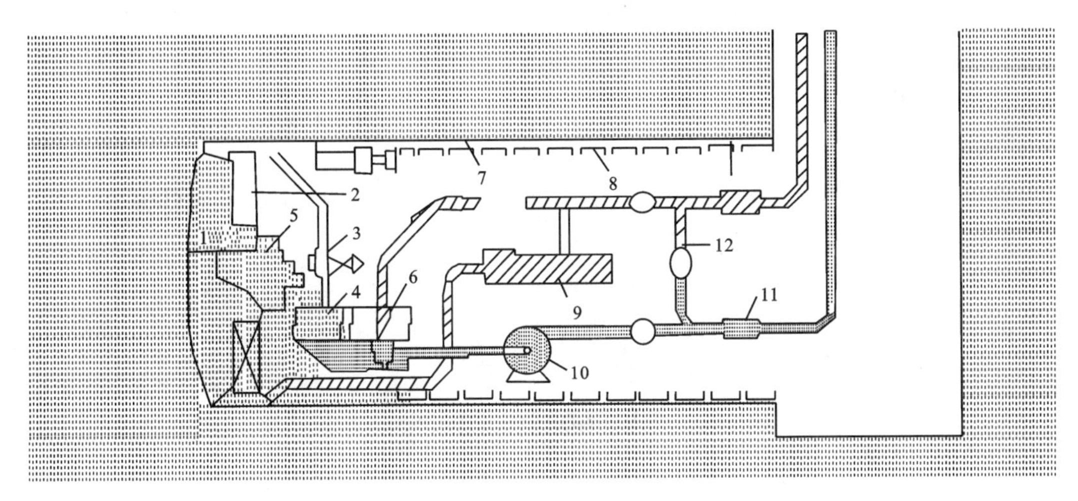

图 3-6 泥水加压式盾构示意图

1—钻头;2—隔板;3—压力控制阀;4—集矸槽;5—斜槽;6—搅动器;
7—盾尾密封;8—水泥浆;9—摩努型泵;10—砂石泵;11—伸缩管;12—紧急支管

(3)削土加压式(也称土压平衡式)。用掘削下来的土体的土压稳定掘削面(图 3-7)。

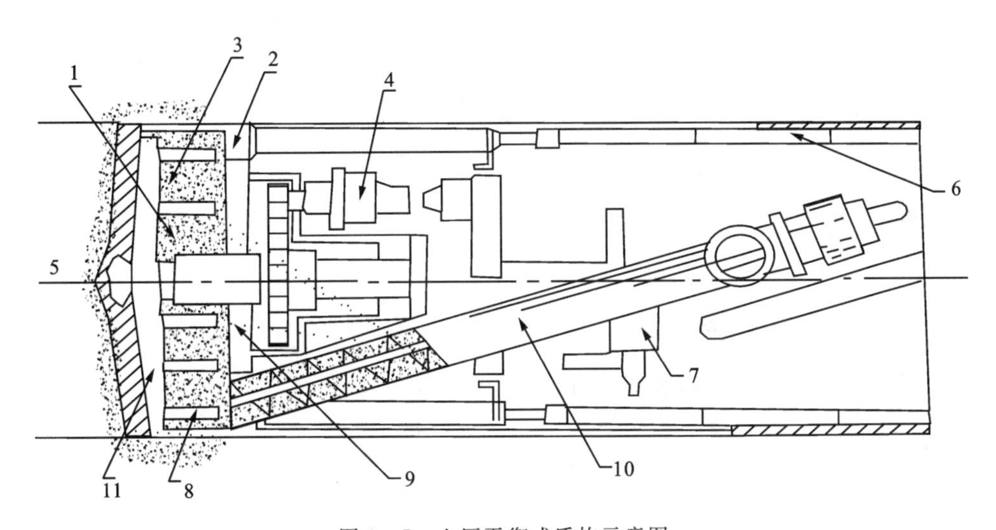

图 3-7 土压平衡式盾构示意图

1—浆化泥土;2—泥土压力的测定计;3—驱动刀盘旋转的液压马达;5—自然土层;6—管片;
7—衬砌拼装器;8—搅拌叶片;9—砂浆材料注入孔阀门;10—螺旋输送机;11—刀盘支架的刀具

(4)加水式。向掘削面注入高压水,通过该水压稳定掘削面。

(5)加泥式。向掘削面注入润滑性泥土,使之与掘削下来的砂卵石混合,由该混合泥土对掘削面加压稳定掘削面。

(6)泥浆式。向掘削面注入高浓度泥浆($\rho=1.4g/cm^3$),靠泥浆压力稳定掘削面。

4. 按盾构切削断面形状分类

按盾构切削断面形状,盾构可分为圆形、非圆形两大类。圆形又可分为单圆形、半圆形、双圆搭接形、三圆搭接形。非圆形又分为马蹄形、矩形(长方形、正方形,凹、凸矩形)、椭圆形(纵向椭圆形、横向椭圆形)。

5. 按盾构机的尺寸大小分类

按盾构机的尺寸大小,盾构机可分为超小型、小型、中型、大型、特大型、超特大型。

(1)超小型盾构系指 D(直径)$\leqslant$1m 的盾构。

(2)小型盾构系指 1m$<D\leqslant$3.5m 的盾构。

(3)中型盾构系指 3.5m$<D\leqslant$6m 的盾构。

(4)大型盾构系指 6m$<D\leqslant$14m 的盾构。

(5)特大型盾构系指 14m$<D\leqslant$17m 的盾构。

(6)超特大型盾构系指 $D>$17m 的盾构。

6. 按施工方法分类

按施工方法,盾构可分为二次衬砌盾构、一次衬砌盾构(ECL 工法)。

(1)二次衬砌盾构工法。盾构推进后先拼装管片,然后再做内衬(二次衬砌)的工法,也就是通常所用的方法。

(2)一次衬砌盾构工法。盾构推进的同时现场浇筑混凝土衬砌(略去拼装管片的工序)的工法,也称 ECL 工法。

7. 按适用土质分类

按适用土质,盾构可分为软土盾构、硬岩盾构及复合盾构。

(1)软土盾构。切削软土的盾构。

(2)硬岩盾构。掘削硬岩的盾构。

(3)复合盾构。既可切削软土,又能掘削硬岩的盾构。

3.1.2　盾构的施工流程

(1)在盾构法隧道的起始端和终端各建一个工作井。

(2)在起始端工作井内安装就位盾构。

(3)依靠盾构千斤顶推力(作用在新拼装好的衬砌和工作井后壁上)将盾构从起始工作井的壁墙开孔处推出。

(4)在地层中沿着设计轴线推进盾构,在推进的同时不断出土和安装衬砌管片。

(5)及时地向衬砌背后的空隙注浆,防止地层移动和固定衬砌环的位置。

(6)盾构进入终端工作井并被拆除,如施工需要,也可穿越工作井再向前推进。

盾构的施工流程如图 3-8 所示。

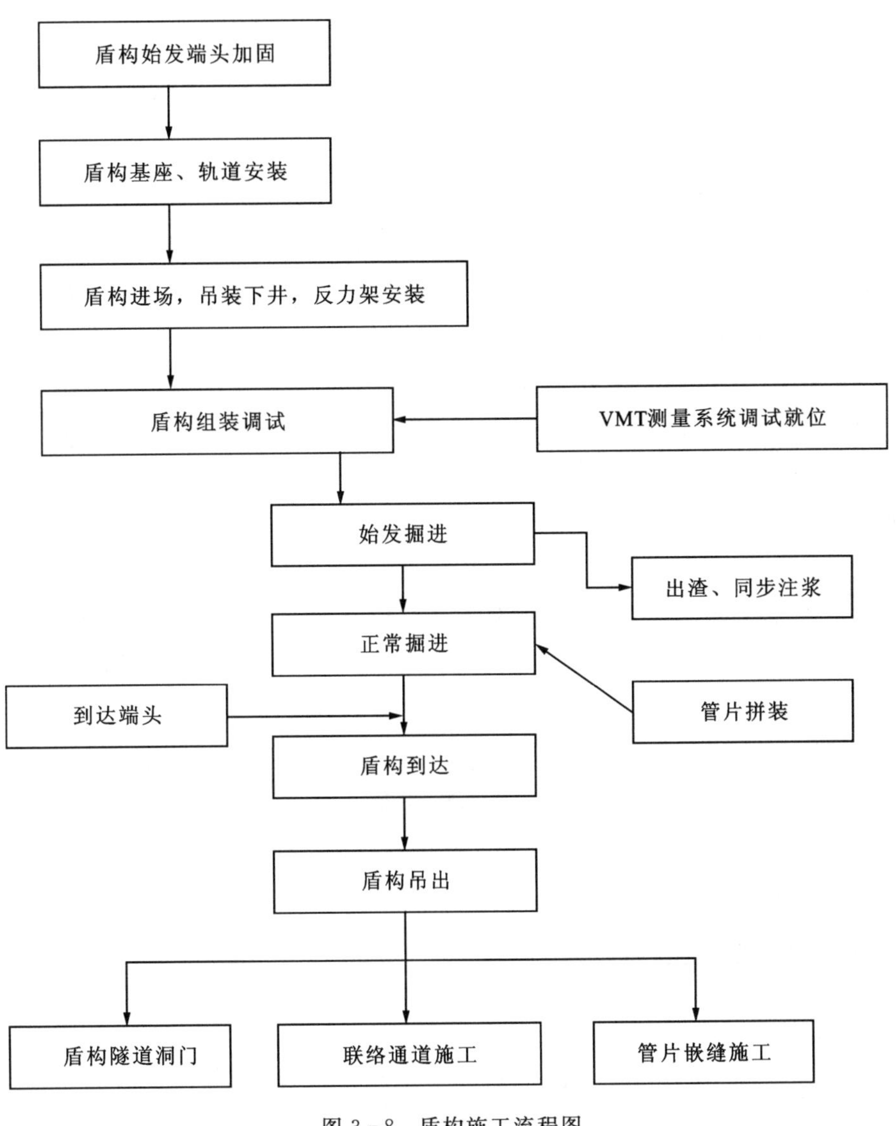

图 3-8　盾构施工流程图

3.1.3　盾构工程的施工步骤及工艺

盾构法施工内容包括盾构的始发和到达、盾构的掘进、衬砌、压浆和防水等。

3.1.3.1　施工现场前期准备

(1)平整场地，搭建好生产、办公临时设施，试验室及仓库等。

(2)将施工用电源、水源接入施工现场，布置好施工现场的各用电点及施工区域的照明，做好生活废水和施工范围内的排水工作。

(3)现场安装门吊。

(4)将泥浆搅拌机安装就位,搭设泥浆搅拌车间。

(5)建造现场集土箱、管片堆场等设施。

(6)准备齐全施工材料、机具、设备,保障管片、连接件有足够的储备量。

(7)在井上、井下建立测量控制网,经施工监理和测量监理复核认可。

3.1.3.2　盾构的安装与拆卸

在盾构施工段的始端,需要进行盾构的安装和进洞,当盾构通过施工段后,又要出洞和拆卸,这一工作,称为盾构的安装与拆卸。它们的操作方法与盾构的进出洞方法有关,应根据施工方案,选择相应的进出洞方位,一般有以下几种方案。

1. 临时基坑法

临时基坑法:用板桩或明挖方法围成临时基坑,在其内进行盾构安装和后座安装并进行直运输出口施工;在留出运输进出口后,将基坑回填并拔除板桩,开始盾构施工。此法适用于浅埋的盾构始发端。

2. 逐步掘进法

逐步掘进法:用盾构法掘进纵坡坡度较大的与地面直接连通的斜隧道,盾构由浅入深掘进,直到全断面进入地层形成洞口。由于盾构法施工费用高,所以施工中洞口及其一段浅埋隧道常采用明挖法施工。

3. 工作井法

工作井法:在沉井或沉箱壁上预留洞口及临时封门,在井内安装就位盾构机,待准备工作结束后即可拆除临时封门使盾构进入地层。盾构拆卸井应有助于起吊、拆卸工作,但对其要求一般较拼装井低。

3.1.3.3　盾构进出洞施工(图 3-9、图 3-10)

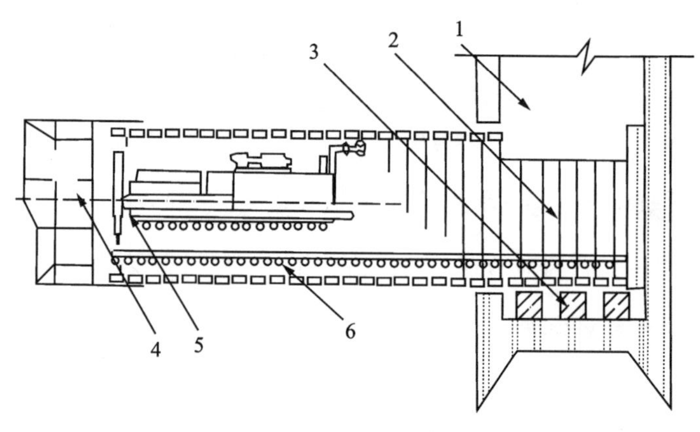

图 3-9　盾构进洞示意图

1—盾构拼装井;2—后座管片;3—盾构机座;
4—盾构;5—衬砌拼装器;6—运输轨道

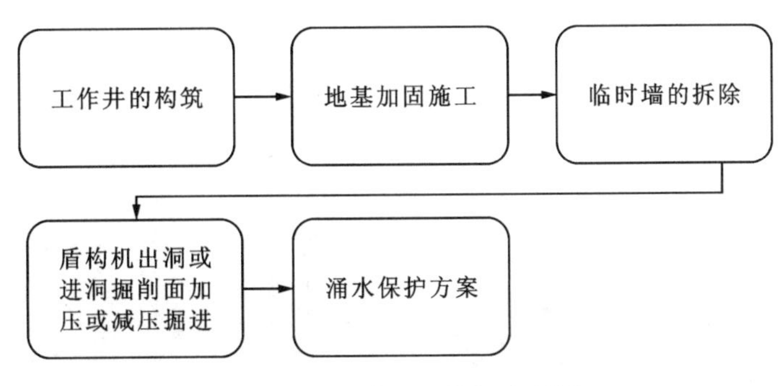

图 3－10　盾构进洞施工流程图

1. 盾构始发段加固

1)盾构始发段加固的目的

(1)控制地表沉降,端头不坍塌。

(2)满足重型机械作业时土体的承载力要求,一般重型吊机往往作用在端头位置。

(3)对端头周围建筑物安全起保护作用。

2)端头加固方案

(1)深层搅拌桩地基加固法。该方法是指利用水泥作为固化剂,通过深层搅拌机械在地基将软土或沙等和固化剂强制拌和,使软基硬结而提高地基强度(图 3－11)。

(2)冷冻法。该方法是指利用冷冻机对冷冻液进行降温,通过循环管理输送到需要冷冻的区域,并保持温度,使温度向外扩散产生冻结效果(图 3－12)。

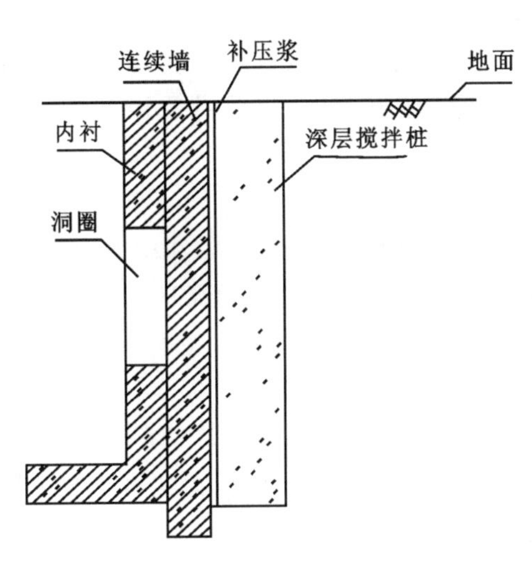

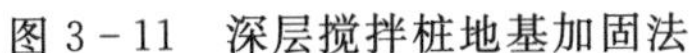
图 3－11　深层搅拌桩地基加固法

图 3－12　冷冻法

(3)高压旋喷法。该方法是指以高压旋转的喷嘴将水泥浆喷入土层与土体混合,形成连续搭接的水泥加固体(图 3－13)。

(4)SMW 工法。在水泥土桩内插入 H 型钢等(多数为 H 型钢,亦有插入拉森式钢板桩、钢管等),将承受荷载与防渗挡水结合起来使之成为同时具有受力与抗渗两种功能的反结构的围护墙(图 3-14)。

图 3-13 高压旋喷法作业

图 3-14 SMW 工法

2. 盾构始发

盾构始发是指使用安装在竖井内的临时负环管片、反力架、始发架等设备,把盾构沿着设计轴线推进,从洞门贯入围岩,沿着设计线路开始掘进的一系列作业。盾构始发前,采用合适的始发方法;制定洞门围护结构拆除方案,采取合适的洞门密封措施,保证始发安全。

1)始发架安装

盾构始发架安装在设定的位置,设定位置由设计线路中心位置和高程决定,同时考虑盾构贯入软弱底层时的下沉量及盾构安装后始发架的变形,事先抬高一定的富余量(一般在 2cm 左右)进行定位。由于始发架在盾构始发时要承受纵向、横向的推力以及约束盾构旋转的扭矩,所以在盾构始发前,对始发架两侧要进行必要的加固,并对盾构姿态作复核检查。

2)反力架设备

反力架设备包括反力架和负环管片。该设备主要由临时组装的钢管片和型钢拼装而成,保证承受盾构推力时具有足够的强度和刚度。临时拼装的负环管片需要保证临时安装时的形状、负环管片的安装精度,特别是真圆度应控制在允许范围内,定位时管片横断面应与隧道垂直。

3)反力架、始发架的定位与安装

在盾构机与后配套拖车连接之前,开始进行反力架的安装。安装时反力架与土建结构连接部位的间隙要垫实,以保证反力架脚板有足够的抗压强度(图 3-15)。

4)负环管片的安装

在安装井内,一般采用通缝拼装负环管片,主要优点是保证能及时、快速拆除负环管片。在施工过程中要利用此井出碴并运输管片。在中间竖井内,一般采用错缝拼装,提高拼装的真圆度和管片拼装施工的安全性。

图 3－15　反力系统安装图

3. 施工要点

1)地基加固施工要点

(1)存在有设想的地层条件和实际偏差的可能性→实施原位地质调查。

(2)钻孔角度的确认→利用测斜计等。

(3)硬化材料的吐出量→异常时停下来检查。

(4)提升速度是否妥当→确认加固。

2)临时墙拆除要点

(1)制定充分的拆除方案和涌水对策。

(2)拆除挡土墙的时候不能产生大的震动。

4. 盾构进出洞

(1)掘削面加压时,监视洞口衬垫的状况(有无翻开、断开),同时监视加压管的动作情况。充分监视推力,不能勉强推进,设定合适的掘进速度(1～5mm/min)。

(2)由于泥水压力会在挡土墙或洞口衬垫上施加过大的力,在管理泥水压力时应将它控制在形成泥水循环所必需的最低限度。

(3)在通过高压旋喷法加固的区间时,加固后地基的碎片会阻塞管道,因此要进行循环清洗。

(4)进洞后到达隔墙内时,必须在确认无漏水、涌水后才能进行解体。

3.1.3.4　盾构的掘进施工(图 3-16)

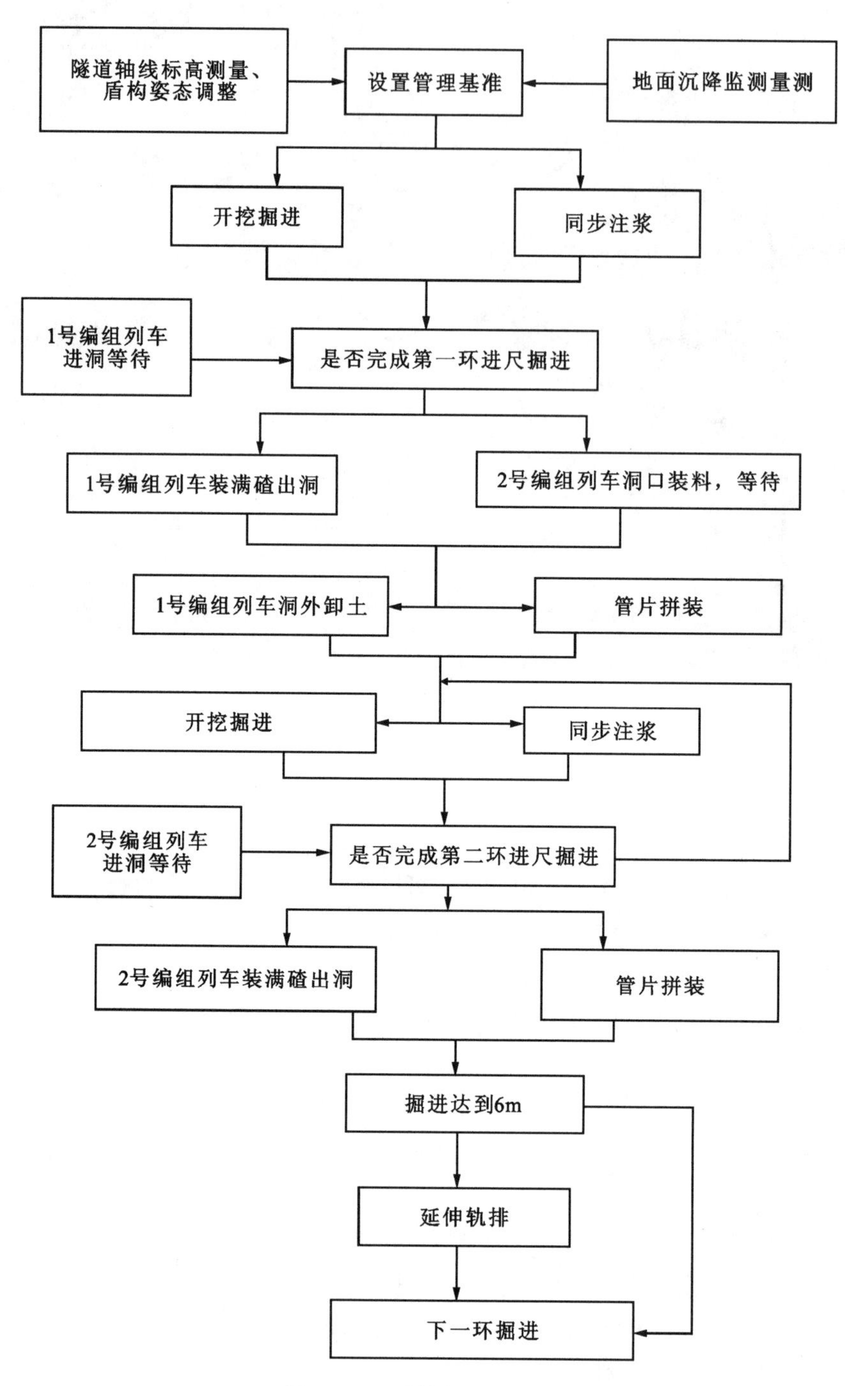

图 3-16　盾构掘进流程图

1. 隧道内施工布置

(1)运输钢轨。

(2)人行走道。

(3)隧道照明。

(4)隧道给排水。

(5)隧道通信联络、数据传输和视频监视。

(6)隧道通风。

2. 推进参数设定

1)推进时正面土压力设定

盾构掘进应保持掘进过程中的开挖面的稳定,将对周边天然土层的扰动影响控制在最小限度。开挖面的稳定是通过管理开挖面土仓内泥土压力来保证的。

2)推进时出土量控制

在盾构机上设置出土量计测装置,就是在螺旋机的排土口处安装泥斗车质量计量装置,该装置具有计测精度高、可实时计量、计量速度快等特征。

3)掘进速度控制

推进时速度不宜过快,正常情况下推进速度保持 2~4cm/min,当穿越重要建筑物和管线时降低推进速度。

3. 盾构掘进轴线控制

合理调整每个区域千斤顶的液压压力差即能调整盾构机的上、下、左、右点的行程差,进而使盾构沿着设计轴线推进。

1)盾构平面控制(左右方向)

盾构平面控制是指利用左、右两侧千斤顶的行程差使盾构机左、右方向得到控制。

2)盾构高程控制(上下方向)

盾构高程控制和平面控制的机理是一样的,利用上、下两侧千斤顶的行程差产生偏转力矩进行控制。为防止盾构机在软土内的"磕头"现象,盾构机下部千斤顶的额定功率应大于其他区域千斤顶的额定功率。

4. 保持盾尾的密封

盾构推进时必须保持盾尾的密封,否则水、土和同步注浆浆液将从盾尾进入盾构机内部,一方面污染盾构工作面,另一方面将造成盾尾后部土体的变形(图 3-17)。

为保持盾尾的密封,在盾构推进时必须适时、适量地压注盾尾油脂。

5. 盾构推进姿态测量

(1)地面测量控制网的设置。

(2)井上、井下控制点的传递。

(3)平面控制点的传递。

(4)高程控制点的传递。

(5)盾构推进中的定位测量。

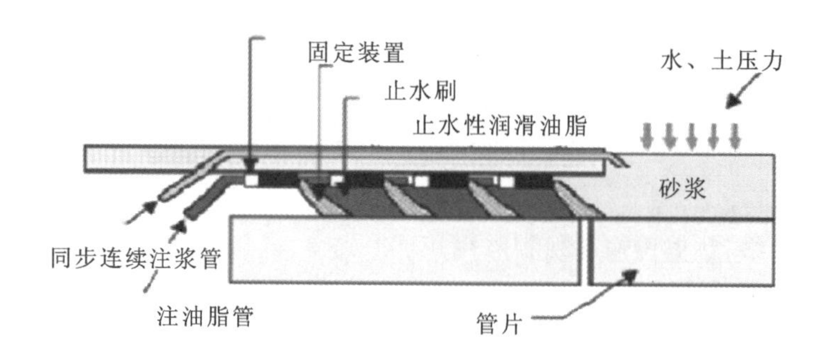

图 3-17　盾尾密封示意图

6. 隧道衬砌的拼装和壁后压浆

对软土层盾构施工的隧道,多采用预制拼装衬砌形式;少数采用复合式衬砌,即先用薄层预制块拼装,然后在复壁注内衬。若对防护要求很高,可采用整体浇注隧道衬砌的方法。预制拼装式衬砌通常由称作“管片”的多块弧形预制构件拼装而成,拼装程序有先纵后环和先环后纵两种。先环后纵法会在拼装前缩回所有千斤顶,即将管片先拼成圆环,然后用千斤顶使拼好的圆环沿纵向向已安装好的衬砌靠拢并连接成洞。此法拼装时,环面平整、纵缝质量好,但可能形成盾构后退。先纵后环法因拼装时只缩回该管片部分的千斤顶,其他千斤顶则对称地支撑或升压,所以可有效地防止盾构后退(图 3-18)。

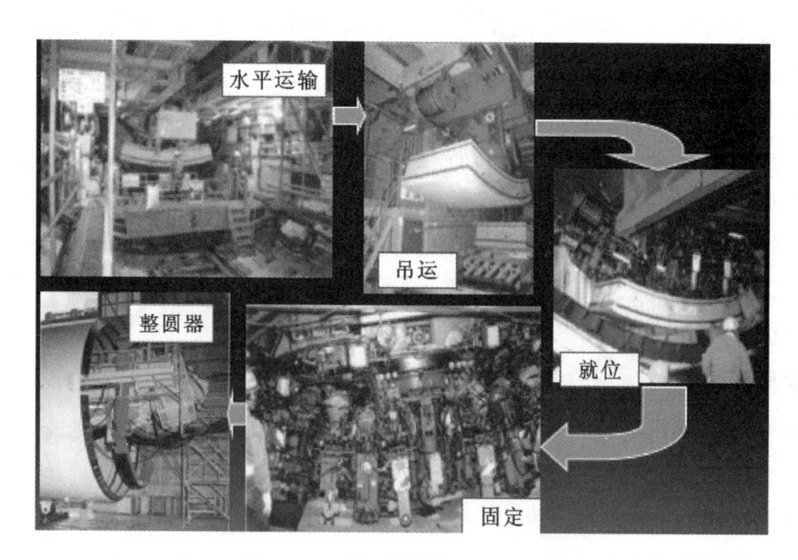

图 3-18　管道拼装工艺步骤图

在含水土层中盾构施工时,其钢筋混凝土管片支护除应满足强度要求外,还应解决防水问题。管片拼接缝是防水关键部位。目前多采用在纵缝、环缝设防水密封垫的方式。防水材料应具备抗老化性能,在承受各种外力而产生往复变形的情况下,应有良好的黏着力、弹性复原力和防水性能。特种合成橡胶是比较理想的防水材料,实际应用较多。

衬砌完成后，需及时充填盾尾与衬砌间的建筑空隙，通常采用壁后压浆的方式，以防止地表沉降，改善衬砌受力状态，提高防水能力。压浆分一次压注和二次压注。当地层条件差，不稳定，盾尾空隙一出现就会发生坍塌时，宜采用一次压注，压浆材料以水泥、黏土砂浆为主体，终凝强度不低于0.2MPa。二次压注步骤为：当盾构推进一环后，先向壁后的空隙注入粒径为3～5mm的石英砂或石粒砂；连续推进5～8环后，再把水泥浆液注入砂石中，使之固结。压浆宜对称于衬砌环进行，注浆压力一般为0.6～0.8MPa。

3.1.3.5　盾构法施工时的地表变形及其控制

在盾构法施工过程中，会在其施工段上方引起地表变形，在松软含水地层和其他不稳定地层中，这种现象尤为明显。地表变形的程度和方式（隆起或沉降）与隧道埋深、隧道断面大小、地层情况、盾构施工方法、地面建筑物基础形式及承受的载荷等有很大关系。

1. 导致地表变形的因素

盾构法施工中，导致地表变形的主要因素有以下几种：

(1)盾构掘进时，开挖面土体的松动和崩坍，破坏了地层平衡状态，造成土体变形而引起地表变形。

(2)盾构法施工中，当采用降水疏干措施时，因地下水浮力消失，土体自重压力增加，地层固结沉降加速，引起地表下沉。

(3)盾构尾部建筑空隙充填不实也会导致地表下沉。施工纠偏及弯道掘进的局部超挖，均会造成盾构与衬砌间建筑空隙的不规则扩大，而这些扩大量有时难以估计，也难以及时充填，给地表下沉带来影响。

另外，施工速度快慢、衬砌结构的受力变形等都会导致表面的微量下沉。总之，盾构法施工导致地表变形是一个综合性的技术问题，目前世界各国仍在进行研究。在城市地下工程中应用盾构法时，一定要采取多种辅助措施，选择好施工方法，否则，不能进入城市繁忙街道及密集建筑群下施工。

2. 地表变形及隧道沉降的控制

盾构法施工中做不到完全防止地表变形，为减少地表变形和控制地表下沉，可以采取如下措施：

(1)采用灵活合理的正面支撑结构或适当地压缩空气压力来疏干开挖面地层中的水，以此保持开挖面岩(土)体的稳定。

(2)采用技术上较先进的盾构机，基本不改变地下水位，严格控制开挖面的挖掘量，防止超挖。

(3)加强盾构与衬砌背面间建筑间隙的充填措施。保证压注工作及时，在衬砌环脱出盾尾后立即压注充填材料。

(4)提高隧道施工速度和连续性，减少盾构在地下的停搁时间，尤其要避免长时间的停搁。

(5)为了减少纠偏推进对地层的扰动，应限制盾构推进时每个循环的纠偏量。

另外，盾构隧道的沉降也是不可避免的。当隧道衬砌成环，离开盾壳后，便开始出现沉降现象，随时间推移沉降量逐渐减小，并稳定下来。

引起隧道沉降的原因很多，主要有：①岩（土）体受扰动后的重新固结；②防水处理不当导致的底部水土流失；③地层在地下水压力作用下产生的塑流或液化。

为了防止由于隧道下沉而使竣工后的隧道高程偏离设计轴线，影响隧道的正常使用，通常按经验估计一个可能的沉降值，施工时适当提高隧道的工轴线，以使产生沉降后的轴线接近设计轴线。

（6）保证做好盾尾建筑空隙的充填压浆工作。其中特别要保证压注量，控制注浆压力，并控制压浆材料的性能和压注的及时性。

（7）在隧道设计选线时，要充分考虑地表沉降可能对建筑群产生的影响。

3.2　TBM 法隧道工程实习

3.2.1　TBM 法概述

全断面隧道掘进机通常简称隧道掘进机（Tunnel Boring Machine，缩写为 TBM），是一种用于圆形断面隧（巷）道、采用滚压式切削盘在全断面范围内破碎岩石，集破岩、装岩、转载、支护于一体的大型综合掘进机械，现已成为国外较长隧道开挖普遍采用的方法。TBM 具有驱动动力大、能在全断面上连续破岩、生产能力强、效率高、操作自动化程度高等特点，具有快速、一次性成洞、衬砌量少等优点。

隧道掘进机施工法（TBM 施工法，又称 TBM 法）始于 20 世纪 30 年代，限于当时的机械技术和掘进机技术水平，掘进机的应用事例相当少。20 世纪 50—60 年代，随着机械工业和掘进机技术水平不断提高，掘进机施工得到了很快的发展。到目前为止，据不完全统计，世界上采用掘进机施工的隧道已超过 1000 个，总长度超过 4000km。掘进机施工法已逐步成为长、大隧道修建中主要选择的施工方法之一。

3.2.2　TBM 法的基本构成

TBM 法的基本构成要素大体上可分为开挖部、反力支撑靴部、推进部和排土部等。

3.2.2.1　开挖部

（1）开挖机制。开挖岩层所使用的 TBM 刀具，不是用于开挖软弱土层的锯齿形刀具，而是滚刀（回转式刀具）（图 3 - 19）。该滚刀以一定的间距安设在刀盘上，掘进时，滚刀向岩层挤压，把岩层压碎，进行开挖。

（2）滚刀。滚刀由回转的刀体和装备有刀具的刀头环构成（图 3 - 20）。刀头环具有能够更换的结构。最新的刀头环采用了算盘状的刀圈，材质也改为镍铬钼合金钢系列。

（3）刀盘构造。TBM 与在软土中掘进的盾构不同，是以围岩的自稳为前提的。因此，TBM 的设计相对来说是比较自由的，可以有各种各样的构造，但最主要的是刀盘和支撑靴。

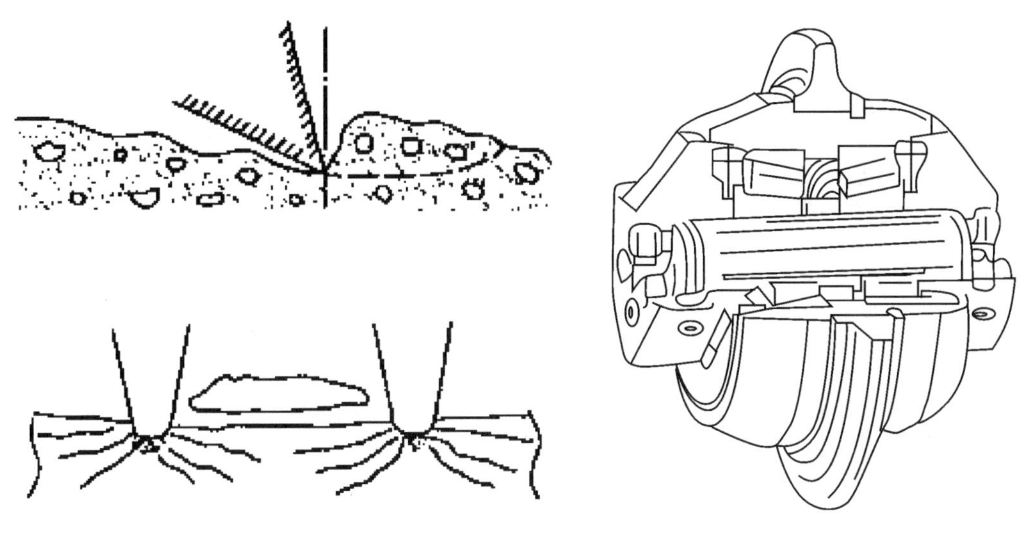

图 3-19 刀头开挖岩石的作用机理示意图　　图 3-20 滚刀的结构示意图

3.2.2.2 反力支撑靴部

支撑靴的作用是提供 TBM 推进时所需的反力(推进力、刀盘转矩)。为提供充分的反力和不损伤隧道壁面,应该加大其接触面积,以减小接地压力。通常,接地压力取 3～5MPa。如把上述支撑靴称为主支撑靴,则还有所谓的以控制振动、控制方向等为目的的各种支撑靴。

1. 盾构型 TBM 支撑靴(图 3-21)

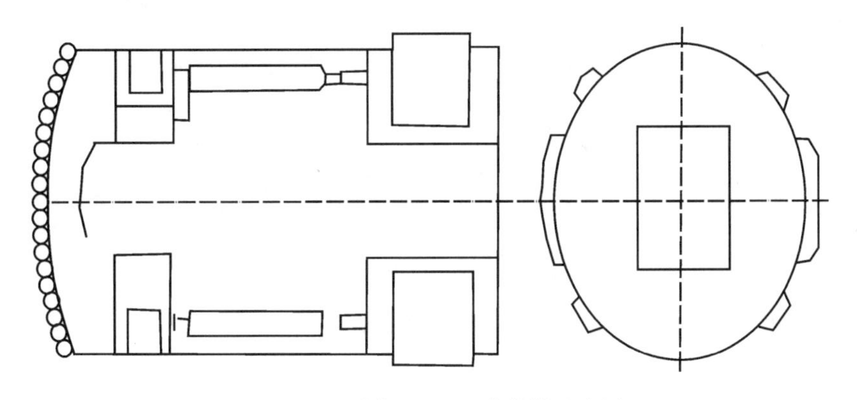

图 3-21 盾构型 TBM 支撑靴示意图

2. 敞开式 TBM 支撑靴(图 3-22)

敞开式 TBM 支撑靴可分为单支撑靴方式和双支撑靴方式。单支撑靴方式是在主梁上左右各设一对支撑靴。该支撑靴对应推进时主梁的方位变化。

双支撑靴方式是前后各有一对支撑靴。前面的支撑靴有 4 个(“X”形)、2 个(“I”形)、3 个(“T”形)的布置形式。

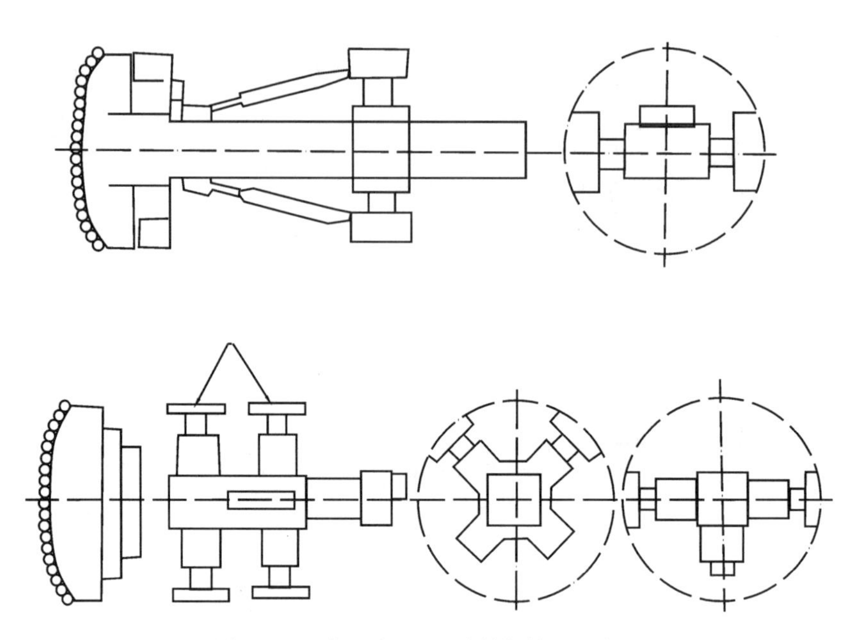

图 3 - 22　敞开式 TBM 支撑靴构造示意图

具代表性的 TBM 有支撑靴按“T”形布置的 TBM[图 3 - 23(a)]和按“X”形布置的 TBM[图 3 - 23(b)]。

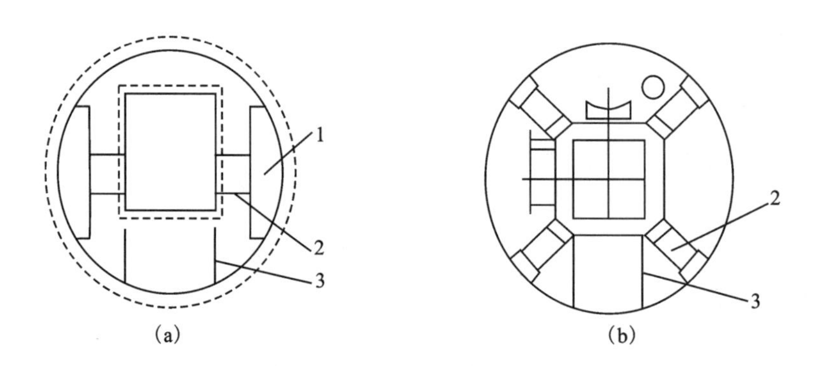

图 3 - 23　敞开式全断面掘进机的支撑形式示意图

(a)“T”形支撑;(b)“X”形支撑;

1—靴板;2—液压油缸;3—支撑架

3.2.2.3　推进部

TBM 的推进部主要使用推进千斤顶,推进按下述动作循环进行(图 3 - 24)。

(1)扩张支撑靴,在隧道壁上固定机体。

(2)回转刀盘,开动千斤顶前进。

(3)推进一个行程后,缩回支撑靴,把支撑靴移置到前方,返回(1)的状态。

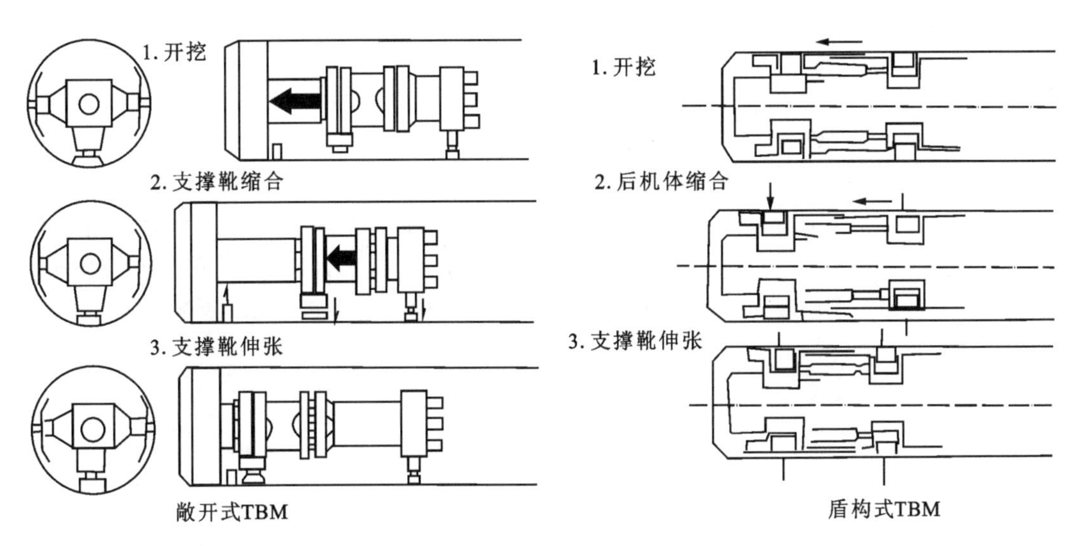

图 3-24 TBM 的开挖循环示意图

3.2.2.4 排土方式

TBM 的排土方式一般有皮带运输机、喷射泵、螺旋式输送机、泥土加压方式液体输送等。分别介绍如下。

(1)皮带运输机。在所有的梁型 TBM 和敞开式 TBM 中使用。该方式运量大,可实现高速化,但涌水时排土困难。

(2)喷射泵。适用于敞开式 TBM。喷射泵输出后,由液体继续进行输送。因为该方式中的喷射泵是用来开路的,所以掌子面可以开放。同时,在有涌水的情况下,该方法也极为有效。但此方法的排土效率低,只适用于小口径的 TBM 中。

(3)螺旋式输送机。用于密闭式 TBM,也可以在土压式 TBM 中使用。使用该方法时,掌子面自稳性高,在无涌水时,掌子面可开放。

(4)泥土加压方式液体输送。适用于密闭式 TBM 中。该方法对掌子面的稳定效果很好。

3.2.3 掘进机的类型

全断面掘进机按掘进的方式分全断面一次掘进式(又称一次成洞)和分次扩孔掘进式(又称二次成洞),按掘进机是否带有护壳分为敞开式和护盾式。掘进机的结构部件可分为机构和系统两大类,机构包括刀盘、护盾、支撑、推进、主轴、机架及附属设施设备等。系统包括驱动、出碴、润滑、液压、供水、除尘、电气、定位导向、信息处理、地质预测、支护、吊运等。它们各具功能、相互连接、相辅相成,构成有机整体,共同完成开挖、出碴和成洞工序。就刀具、刀盘、大轴、刀盘驱动系统、刀盘支撑、掘进机头部机构、司机室以及出碴、液压、电气等系统而言,不同类型的掘进机大体相似。而对掘进机头部向后的机构和结构、衬砌支护系统而言,敞开式掘进机和双护盾式掘进机有较大的区别。

3.2.3.1 敞开式 TBM

敞开式 TBM 是一种用于中硬岩及硬岩隧道掘进的机械。由于围岩比较好,掘进机的顶护盾后,洞壁岩石可以裸露在外,故称为敞开式。敞开式掘进机的主要类型有 Robbins、Jarva MK27/8.8、Wirth780 920H、WirthTB88OE 等,其中 Robbins ϕ8.0 型如图 3-25 所示,它主要由三大部分组成:切削盘、切削盘支承与主梁、支撑与推进。切削盘支承和主梁是掘进机的总骨架,两者连为一体,为所有其他部件提供安装位置;切削盘支承分为顶部支承、侧支承、垂直前支承,每侧的支承用液压缸定位;主梁为箱形结构,内置出碴胶带机,两侧有液压、润滑、水气管路等。

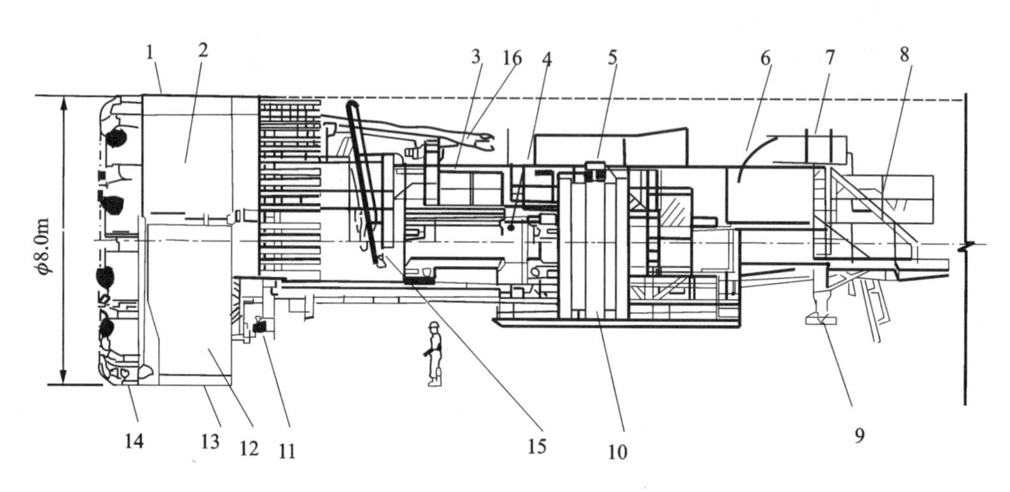

图 3-25 敞开式 TBM 示意图

1—顶部支承;2—顶部侧支承;3—主机架;4—推进油缸;5—主支撑架;
6—TBM 主机架后部;7—通风管;8—皮带输送机;9—后支撑带靴;10—主支撑靴;
11—刀盘主驱动;12—左右侧支承;13—垂直前支承;14—刀盘;15—锚杆钻;16—探测孔凿岩机

3.2.3.2 护盾式 TBM

护盾式 TBM 按其护壳的数量分为单护盾、双护盾和三护盾 3 种,我国以双护盾 TBM 为主。双护盾为伸缩式,以适应不同的地层,尤其适用于软岩且破碎、自稳性差或地质条件复杂的隧道。与敞开式 TBM 不同,双护盾式 TBM 没有主梁和后支撑,除了机头内的主推进油缸外,还有辅助油缸。辅助推进油缸只在水平支撑油缸不能撑紧洞壁进行掘进作业时使用,辅助油缸推进时作用在管片上。护盾式 TBM 只有水平支撑,没有“X”形支撑(图 3-26)。

3.2.3.3 扩孔式全断面 TBM

当隧道断面过大时,会带来电能不足、运输困难、造价过高等问题。在隧道断面较大、采用其他全断面 TBM 一次掘进技术经济效果不佳时就可采用扩孔式全断面 TBM(图 3-27)。

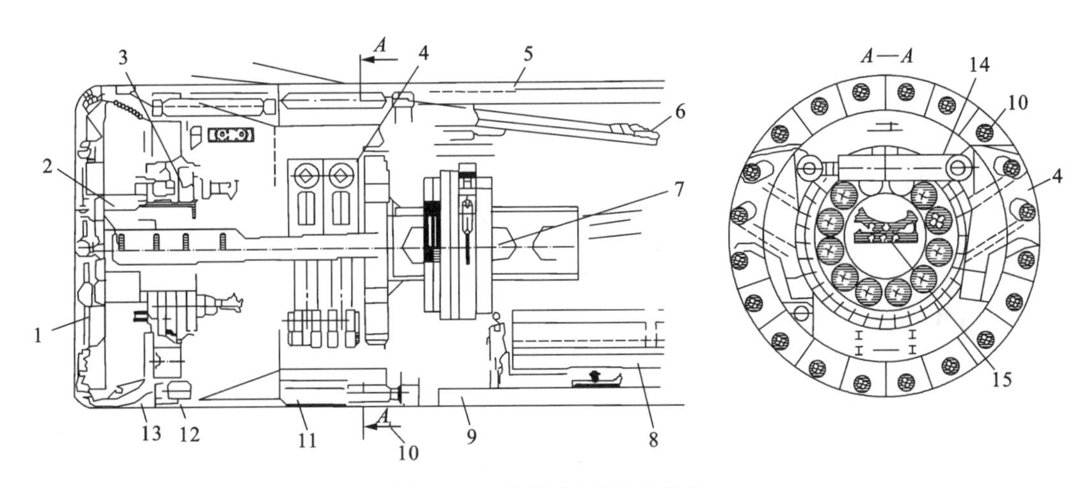

图 3-26 护盾式 TBM 示意图

1—刀盘；2—石碴漏斗；3—刀盘驱动装置；4—支撑装置；
5—盾尾密封；6—凿岩机；7—砌块安装器；8—砌块输送车；9—盾尾面；
10—辅助推进液压缸；11—后盾；12—主推进液压缸；13—前盾；14—支撑油缸；15—带式输送机

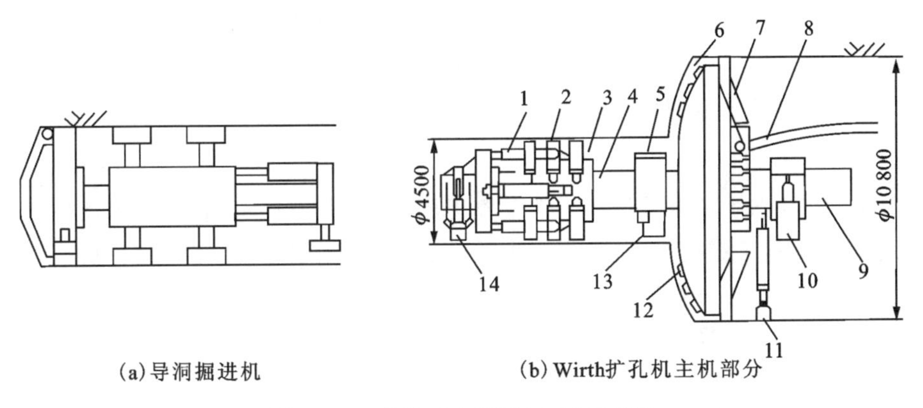

(a) 导洞掘进机 (b) Wirth扩孔机主机部分

图 3-27 扩孔式全断面 TBM 示意图

1—推进液压缸；2—支撑液压缸；3—前凯氏外机架；4—前凯氏内机架；5—护盾；6—切削盘；7—石碴槽；
8—输送带；9—后凯氏内机架；10—后凯氏外机架；11—后支撑；12—滚刀；13—护盾液压缸；14—前支撑

3.2.4 隧道 TBM 的选择

决定使用 TBM 开挖后，还要确定隧道的总体开挖方案，如隧道的施工顺序、方向与开挖方式等。方案确定后再对 TBM 设备进行选型，选择 TBM 的形式、台数、直径等。总体开挖方案和 TBM 机型应根据隧道的直径与长度、隧道的条数、所穿过的地层类型、岩石硬度、涌水量、设备供应、施工工期等条件确定。TBM 设备的配置应尽量做到合理化、标准化，选用时应因地制宜，在充分调研的基础上经过技术经济比较后合理选择。

掘进机设备选型应遵循下列原则：

(1)安全性、可靠性、实用性、先进性、经济性相统一。一般应按照安全性、可靠性、适用性第一，兼顾技术先进性和经济性的原则进行选择。经济性从两个方面考虑，一是完成隧道开挖、衬砌的成洞总费用，二是一次性采购 TBM 设备的费用。

(2)满足隧道外径、长度、埋深和地质条件、沿线地形以及洞口条件等环境条件。

(3)满足安全、质量、工期、造价及环保要求。

(4)考虑工程进度、生产能力对机器的要求,以及配件供应、维修能力等因素。TBM 设备选型时首先根据地质条件确定 TBM 的类型;然后根据隧道设计参数及地质条件确定主机的主要技术参数;最后遵循生产能力与主机掘进速度相匹配的原则,确定配套设备的技术参数与功能配置。

3.2.5 TBM 施工

3.2.5.1 TBM 主要施工流程

TBM 主要施工流程:施工准备→全断面开挖与出碴→外层管片式衬砌或初期支护→TBM 前推→管片外灌浆或二次衬砌。

3.2.5.2 施工准备

TBM 施工具有速度快、效率高的特点,因此,施工前做充分的准备工作非常重要。对施工的准确放线定位、机械设备的调试保养、各种施工材料的配备、施工记录表格的配备,都应当有充分的准备,以避免影响正常作业和施工进度。

1. 技术准备

TBM 施工前应熟悉和复核设计文件及施工图,熟悉有关技术标准、技术条件、设计原则和设计规范。应根据工程概况、工程水文地质情况、质量工期要求、资源配备情况,编制实施性施工组织设计,对施工方案进行论证和优化,并按相关程序进行审批。施工前必须制定工艺实施细则,编制作业指导书。

2. 设备、设施准备

按工程特点和环境条件配备好试验、测量及监测仪器。在长、大隧道中应配置合理的通风设施并确定出碴方式,选择合理的洞内供料方式和运输设备,以求达到环境保护的要求。供电设备必须满足 TBM 施工的要求,将 TBM 施工用电与生活、办公用电分开,并保证两路电源正常供应。应将管片、仰拱块预制厂建在洞口附近,保证管片、仰拱块制作、养护空间,并预留好管片、仰拱块存放场地。

3. 材料准备

施工所需材料包括混凝土、锚杆、钢拱架、钢轨、轨枕等。

4. 作业人员准备

(1)编制完善相关检验和基础资料,拟定应急方案,向进场人员和施工人员进行技术及安全培训。

(2)制订计划并采购台车、输送泵、机车、矿车及所有相关设备配件。

(3)对混凝土输送泵、混凝土运输车以及混凝土拌合站进行维修保养,使它们处于良好的状态,保证正常使用。

(4)采取有线、无线与网络相结合的方式解决洞内、洞外车辆运输的协调组织问题,实现视频监控,完成隧道施工车辆运输组织调度。

5. 施工场地布置

隧道洞外场地应包括主机及后配套拼装场、混凝土搅拌站、预制车间、预制块(管片)堆放场、维修车间、料场、翻车机及临时碴场、洞外生产房屋、主机及后配套存放场、职工生活房屋等。

6. 预备洞、出发洞

隧道洞口一定长度内的围岩一般不太好,TBM 的长度比较大,TBM 正式工作前需要用钻爆法开挖一定深度的预备洞和出发洞。预备洞是指自洞口挖掘到围岩条件较好的洞段,用于机器撑靴的撑紧;出发洞是由预备洞再向里按刀盘直径掘出用于 TBM 主机进入的洞段。如秦岭Ⅰ线隧道预备洞为 300m,出发洞为 10m。

3.2.5.3 掘进作业

TBM 在进入预备洞和出发洞后即可开始掘进作业。掘进作业分起始段施工、正常推进和到达出洞 3 个阶段。

1. TBM 始发及起始段施工

TBM 空载调试运转正常后可开始 TBM 始发施工。开始推进时通过控制推进油缸行程使 TBM 沿始发台向前推进,因此,始发台必须固定牢靠,位置正确。刀盘抵达工作面后开始转动刀盘,直至将岩面切削平整后,开始正常掘进。在始发掘进时,应以低速度、低推力进行试掘进,了解设备对岩石的适应性,对刚组装调试好的设备进行试机作业。在始发磨合期,要加强掘进参数的控制,逐渐加大推力。

2. 正常掘进

TBM 正常掘进的工作模式一般有 3 种:自动控制扭矩、自动控制推力和手动控制模式,应根据地质情况合理选用。在均质硬岩条件下,选择自动控制推力模式;在节理发育或软弱围岩条件下,选择自动控制扭矩模式;掌子面围岩软硬不均,如果不能判定围岩状态,可选择手动控制模式。TBM 推进时的掘进速度及推力应根据地质情况确定,在破碎地段严格控制出碴量,使之与掘进速度相匹配,避免出现掌子面前方大范围坍塌的现象。

在软弱围岩条件下的掘进,应特别注意撑靴的位置和压力变化。撑靴位置不好,会造成打滑、停机,直接影响掘进方向的准确性。当因机型条件限制而无法调整撑靴位置时,应对该位置进行预加固处理。此外,撑靴刚撑到洞壁时极易陷塌,应观察仪表盘上撑靴压力值下降速度,注意及时补压,防止发生打滑。在硬岩中,支撑力一般为额定值,软弱围岩中为最低限定值。

在 TBM 推进过程中必须严格控制推进轴线,使 TBM 的运动轨迹在设计轴线允许偏差范围内。掘进中要密切注意和严格控制 TBM 的方向。TBM 方向控制包括两个方面:一是 TBM 本身能够进行导向和纠偏,二是确保掘进方向的正确。

TBM 进入溶洞段施工时,可利用 TBM 的超前钻探孔,对机器前方的溶洞处理情况进行探测。每次钻设 20m 长,两次钻探间搭接 2m。在探测到前方的溶洞都已经处理过后,再向前掘进。

3. 到达掘进

到达掘进是指TBM到达贯通面之前50m范围内的掘进。TBM到达终点前，要制定TBM到达施工方案，做好施工技术交底工作。施工人员应明确TBM适时的桩号及刀盘距贯通面的距离，并按确定的施工方案实施。

到达前必须做好以下工作：①检查洞内的测量导线；②在洞内拆卸时应检查TBM拆卸段支护情况；③检查到达所需材料、工具；④检查施工接收导台。做好到达前的其他工作，如接收台检查、滑行轨的测量等，要加强变形监测，及时与操作司机沟通。

TBM掘进至离贯通面100m时，必须做一次TBM推进轴线的方向传递测量，以逐渐调整TBM轴线，保证贯通误差在规定的范围内；到达掘进的最后20m时，要根据围岩情况确定合理的掘进参数，要求低速度、小推力和及时地支护或回填灌浆，并做好掘进姿态的预处理工作；做好出洞场地、洞口段的加固工作；应保证洞内、洞外联络畅通。

4. 掘进作业循环过程(图3-28、图3-29)

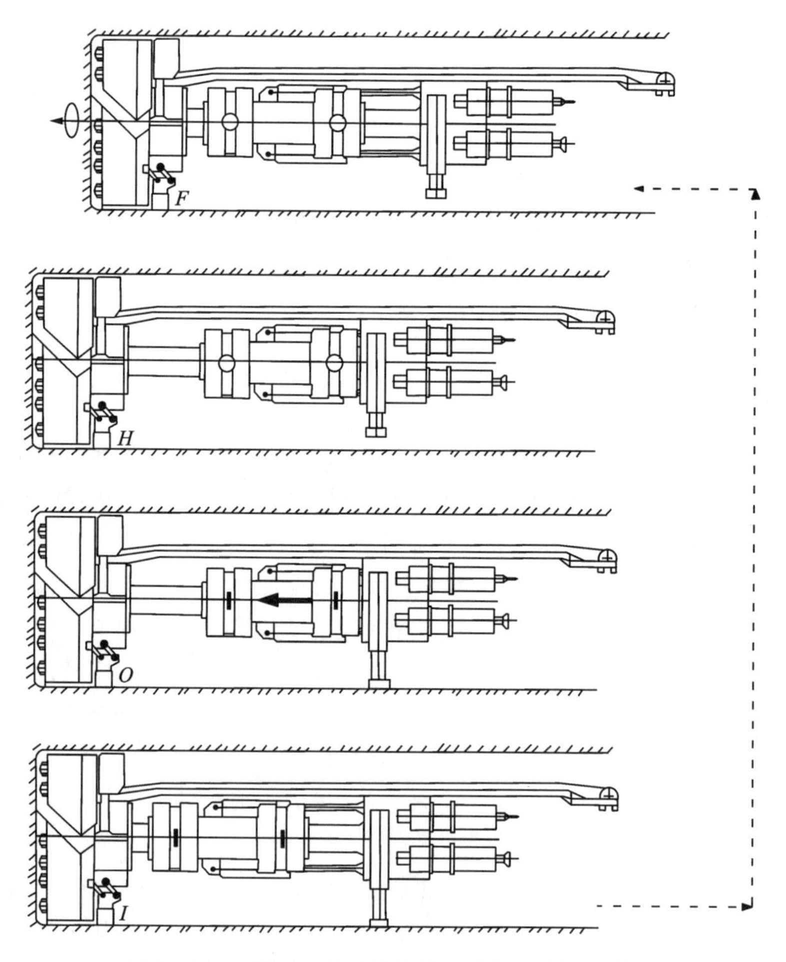

图3-28　开敞式TBM掘进循环示意图(单下支撑)

F—浮动状态；*H*—支撑状态；*O*—支撑状态；*I*—移动状态

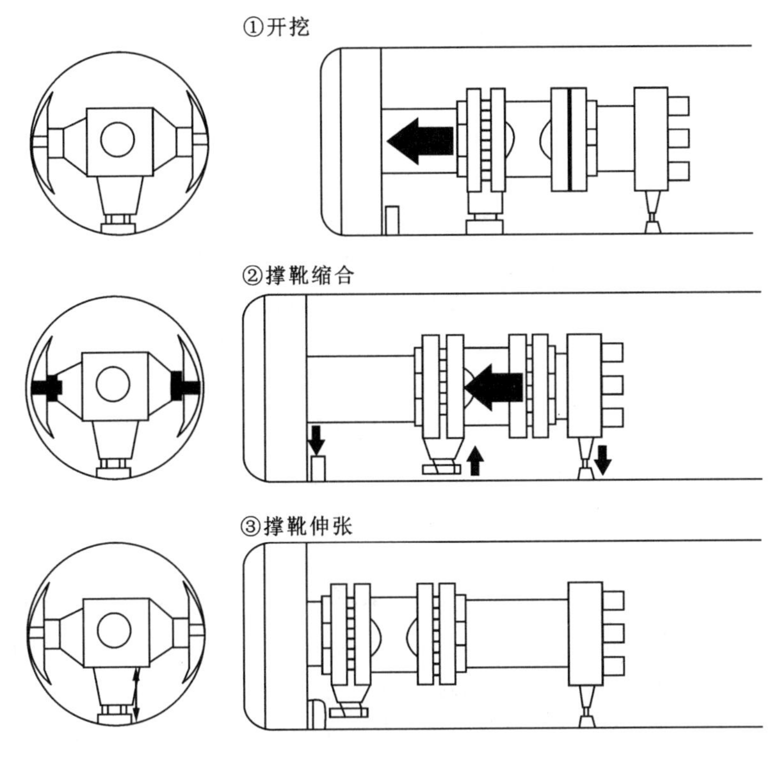

图 3-29 开敞式 TBM 掘进循环示意图(双下支撑)

(1)掘进循环开始时,水平支撑已移动到主机架的前端,将撑靴撑紧在洞壁上,仰拱刮板与仰拱处的岩面轻微接触,收回后下支撑,此时大刀盘可以转动,推进千斤顶将转动的大刀盘向前推进一个行程,此即掘进状态。

(2)在向前推进到达推进千斤顶行程终点处,结束开挖,大刀盘停止转动,放下后下支撑,同时仰拱刮板支撑大刀盘,此时整个机器的质量全部由前、后支撑支承。

(3)收回两对水平撑靴,移动水平支撑到主机架的前端。TBM 掘进方向的调整可以通过后下支撑进行水平、垂直调整,达到调整目标。

(4)当水平支撑移到前端限位后,又重新撑紧在洞壁上。此时收回后下支撑,仰拱刮板与仰拱又转换成浮动接触状态。此时 TBM 即处于准备进行下一个掘进循环的状态。

3.2.5.4 出碴作业

TBM 出碴为连续出碴,运输强度高,除向洞外出碴外,还要向洞内运输支护材料、刀具及管材等。有以下几种出碴方案:

(1)轨道运输适用于坡度小于 20%的平洞,配大型梭车和移动调车平台。

(2)汽车运输适用于坡度较大的平洞,洞径一般要大于 7.5m,需要较好的通风条件。

(3)带式输送机运输适用于坡度为 14%~28%的斜井。

(4)自动溜碴适用于坡度大于 40°的斜井,可自下向上开挖导井,自上向下扩大时利用导井溜碴,必要时辅以水力冲碴。

除用汽车运碴方式外，其余方式宜在洞口附近设弃碴场，以加快洞内循环，保证连续出碴，洞口弃碴场的岩碴必要时经过技术经济论证后可进行二次倒运到较远的弃碴地点。

3.2.5.5 支护施工

1. 初期支护

初期支护紧随着TBM的推进进行。可用锚喷、钢拱架或管片进行支护。当地质条件很差时，还要进行超前支护或加固。因此，为适应不同的地质条件，应根据TBM类型和围岩条件配备相应的支护设备。初期支护包括喷射混凝土、锚杆施工、钢架施工、管片施工等。

(1)喷射混凝土施工。喷射混凝土前用高压水或高压风冲刷岩面，设置控制喷射混凝土的标志。喷射混凝土的配合比应通过试验确定，满足混凝土强度和喷射工艺的要求。喷射作业应分段、分片、分层，由下而上进行。分层喷射混凝土时，一次喷射的最大厚度：拱部不得超过8cm，边墙不得超过10cm，后一层喷射应在前一层混凝土终凝后进行。喷射后应进行养护和保护。喷射混凝土的表面平整度应符合要求。

(2)锚杆施工。锚杆类型应根据地质条件、使用要求及锚固特性和设计文件确定。锚杆杆体的抗拉力不应小于150kN，锚杆直径宜为20～22mm。锚杆孔应按设计要求布置；孔径应符合设计要求；孔位允许偏差为±10cm，锚杆孔距允许偏差为±10cm；锚杆孔的深度应大于锚杆体长度10cm；锚杆用的水泥砂浆的强度不应低于M20。

(3)钢架施工。利用刀盘后面的环形安装器及顶升装置完成钢架安装，在钢架安装过程中允许偏差：钢架间距允许偏差为±10cm，横向和高程偏差为±5cm，垂直度偏差为±2。钢架与喷射混凝土应形成一体，沿钢架外缘每隔2m应用钢楔或混凝土预制块与初喷岩层顶紧，钢架与围岩间的间隙必须用喷射混凝土充填密实，钢架必须被喷射混凝土覆盖，厚度不得小于4cm。

(4)管片施工。管片拼装时，一般情况应先拼装底部管片，然后自下而上左右交叉拼装，每环相邻管片应均匀拼装并控制环面平整度和封口尺寸，最后插入封顶块成环。管片拼装成环时，应逐片初步拧紧连接螺栓，脱出盾尾后再次拧紧。当后续TBM掘进至每环管片拼装之前，应对相邻已成环的3环范围内的连接螺栓进行全面检查并再次紧固。

2. 模筑混凝土衬砌

模筑衬砌必须采用拱墙一次成型法施工，施工时中线、水平、断面和净空尺寸应符合设计要求(图3-30)。衬砌不得侵入隧道建筑限界。衬砌材料的标准、规格、要求等，应符合设计规范规定。防水层应采用无钉铺设，并在二次衬砌灌注前完成。对衬砌的施工缝和变形缝应做好防水处理。混凝土灌注前及灌注过程中，应对模板、支架、钢筋骨架、预埋件等进行检查。发现问题应及时处理，并做好记录。

二次衬砌在初期支护变形稳定前施工时，拆模时的混凝土强度应达到设计强度的100%，在初期支护变形稳定后施工的，拆模时的混凝土强度应达到8MPa。

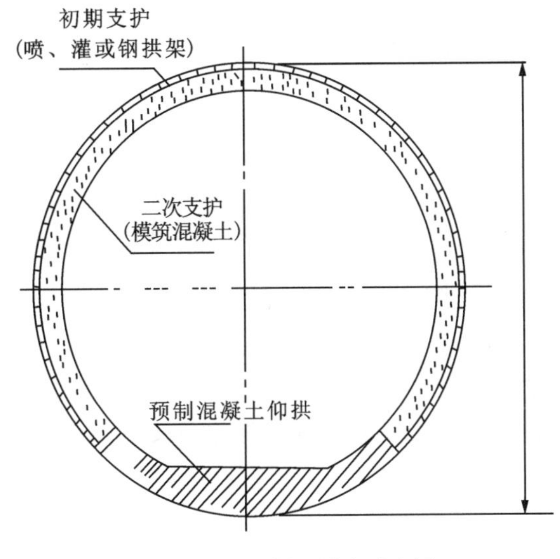

图 3-30 混凝土衬砌示意图

3.2.5.6 通风除尘工作

TBM 施工的隧道通风作用主要是排出人员呼出的气体、TBM 的热量、破碎岩石的粉尘和内燃机等产生的有害气体等。TBM 通风方式有压入式、抽出式、混合式、巷道式、主风机局扇并用式等，施工时要根据所施工隧道的规格、施工方式、周围环境等选择。一般多采用风管压入式通风，其最大的优点是新鲜空气经过管道直接送到开挖面，空气质量好，且通风机不需经常移动，只需接长通风管。压入式通风可采用由化纤增强塑胶布制成的软风管。TBM 施工的通风分为两次：一次通风和二次通风。一次通风是指洞口到 TBM 后面的通风，二次通风是指 TBM 施工后配套拖车后部到 TBM 施工区域的通风。采用软风管作为一次通风管，用洞口风机将新鲜风压入到 TBM 后部；采用硬质风管作为二次通风管，在拖车两侧布置，将一次通风经接力增压、降温后继续向前输送，送风口位置布置在 TBM 的易发热部件处。秦岭 I 线铁路隧道的通风系统如图 3-31 所示。

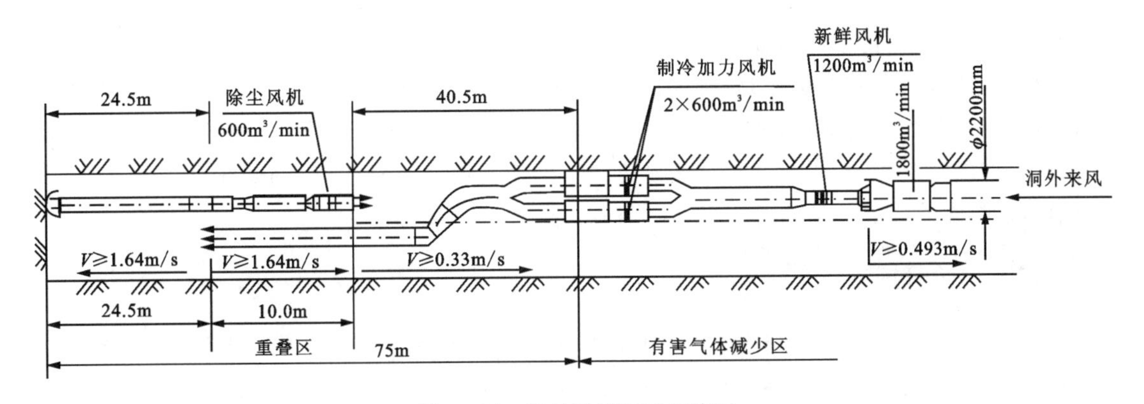

图 3-31 秦岭隧道通风系统图

3.3 钻爆法隧道工程实习

3.3.1 基本概述

钻爆法是一种使用最普遍的岩石隧道开挖方法,由于具有适用于各种岩性、各种断面的隧道开挖施工的优点,而得到广泛的应用(图 3-32)。

隧道开挖爆破是单自由面条件下的岩石爆破,其关键技术是掏槽,其次是周边孔光面爆破。隧道爆破程序是:先按设计方案在掌子面上布置炮眼,而后根据设计的炮眼位置、深度、方向钻眼,最后根据设计好的装药量及起爆顺序将炸药及不同段别的雷管装入炮眼,待做好安全防护工作后,连接回路并起爆。按照爆破顺序,最初的几个炮眼要形成一个槽腔,破岩深度取决于掏槽效果。较理想的隧道爆破效果,应该是开挖达到预定的进尺,轮廓壁面及掌子面平整,岩碴块度适宜装运,对围岩的扰动小。

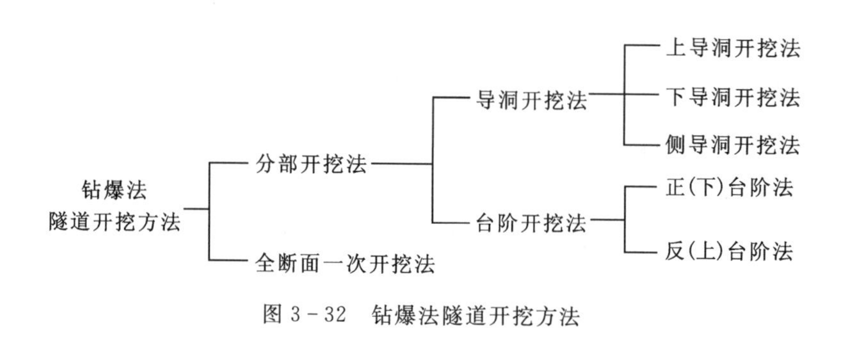

图 3-32 钻爆法隧道开挖方法

3.3.1.1 全断面开挖法

在岩石坚固性中等以上,节理裂隙不甚发育,围岩整体性较好,断面小于 100m^2 的条件下,可采用全断面开挖法(图 3-33)。采用该法时,整个工作面基本上一次向前推进,在开挖工作面上只有一个垂直作业面,凿岩、爆破依次进行。目前矿山巷道断面小,施工多使用小型凿岩和装运机械,钻凿上部炮孔常采用蹬碴作业,借助梯子进行装药、联线。

应用该法开挖硐室的优点是:开挖面大,能发挥深孔爆破的优点;作业集中,便于施工管理;工作面空间大,易于通风,适合选用以大型机械为主的机械化作业线,施工进度快。在岩层条件允许的情况下,应尽量选择该施工方法。但使用该法也有缺点,例如在设备落后、使用小型机械时,凿岩、装药、装岩等工序比较麻烦,难以提高生产效率。

3.3.1.2 台阶开挖法

台阶法开挖时将工作面分成上、下两部分,若上部工作面超前时形成正台阶,称正台阶工作面;若下部工作面超前时形成倒台阶,称反台阶工作面。

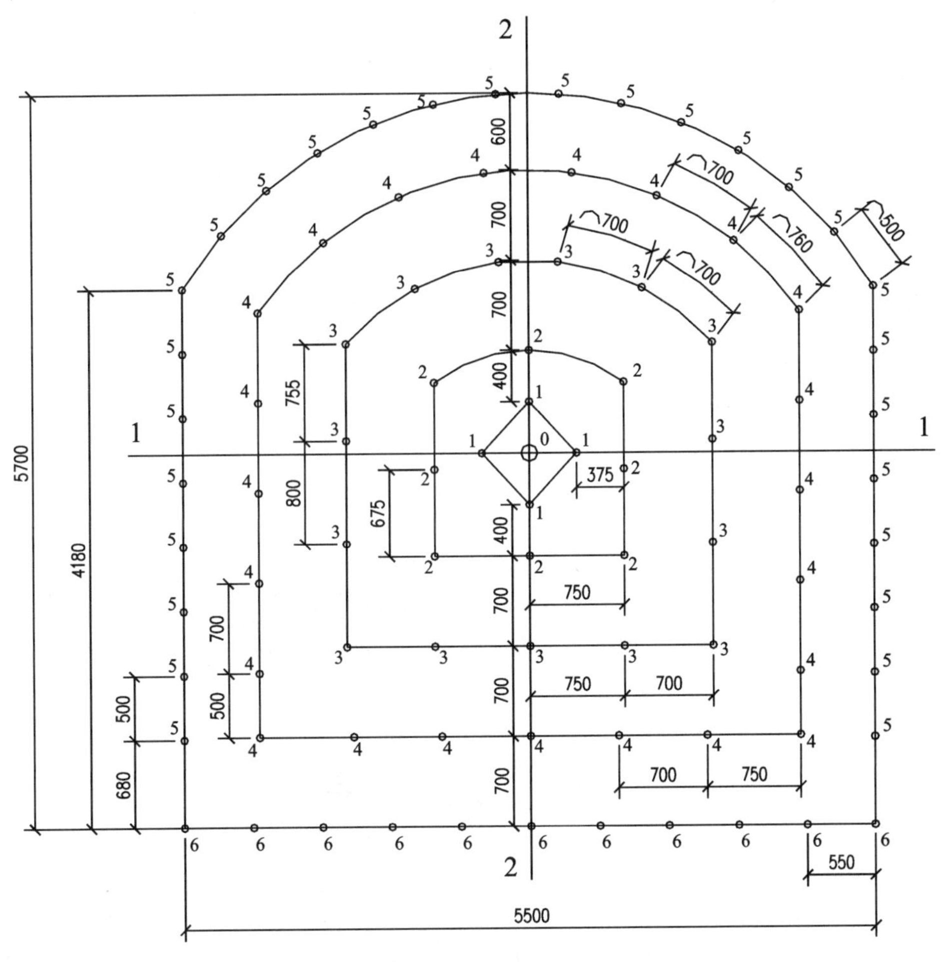

图 3-33 全断面开挖炮孔布置图(单位:mm)
1—掏槽眼;2、3、4—辅助眼;5—周边眼;6—底板眼

1. 正台阶开挖法

采用正台阶开挖法时,将硐室断面分成两部分,先掘上部断面使上部超前而出现台阶。爆破后先将拱部用喷射混凝土进行支护,出碴后在上、下断面同时凿岩(图 3-34)。此外,根据硐室大小也可将断面分成几个部分,但在施工中一般采用两个台阶。

采用正台阶开挖法,下部台阶开挖时由于开挖工作面具有两个自由面,因此炮眼的钻凿也可以采用向下钻立孔的方式进行。但有时由于凿岩深度不够会出现底板欠挖的现象,此时必须及时进行纠正。

在整个硐室完成爆破开挖后,依自下而上、先墙后拱的顺序进行浇灌混凝土工作。若采用锚喷支护,拱部锚杆的安设随上部断面的开挖及时进行,而喷射混凝土则可视具体情况分段完成。

正台阶开挖法在施工中需经常调整上、下台阶的进度,且往往由于上部出碴速度慢而影响下部凿岩工序,致使开挖不能按正规循环进行作业。在一般情况下,上部工作面要超前3～5m,但在施工中还应根据具体条件调整工艺参数,才能取得良好效果。

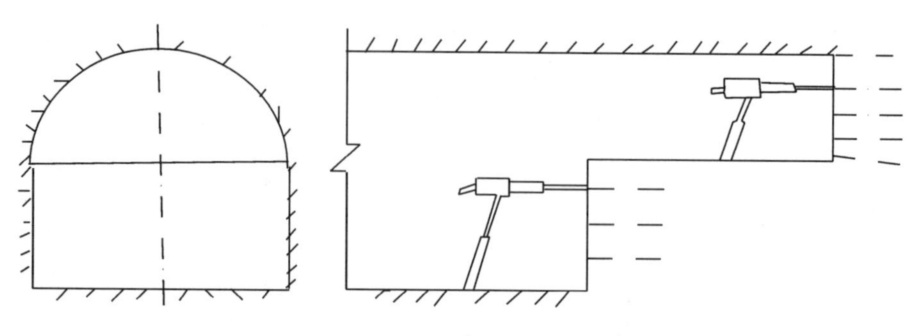

图3-34　正台阶工作面开挖示意图

2. 反台阶开挖法

反台阶开挖方式如图3-35所示。先开挖下部断面,然后在下部开挖面一段距离处开挖上部断面。开挖上部断面时,由于有良好的爆破自由面,可适当减少炮孔数量。

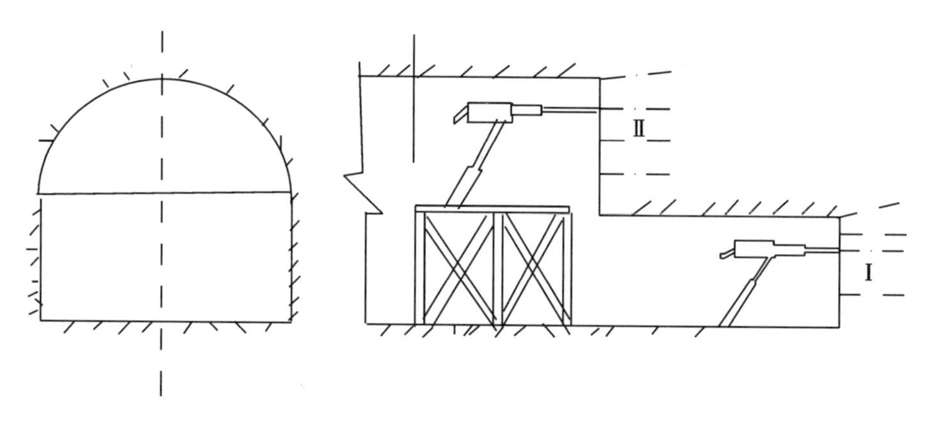

图3-35　反台阶工作面开挖示意图

整个硐室开挖后,依自下而上、先墙后拱的顺序浇灌混凝土。当采用锚喷支护时,拱顶支护与上部断面开挖平行作业,随后完成墙部支护。

反台阶开挖法的主要优点是:上部断面爆破时岩碴直接落到硐室底板上,减少了上部工作面人力耙运岩碴的工序,并使上、下两个工作面的作业相互干扰少,平行作业的时间长,因而工效高且管理方便。

此外,为减少搭设凿岩台架的工作,也可将下部工作面一直掘至硐室的端墙,然后再开挖上部断面,此时凿岩和支护均可利用碴堆做工作台,这样便将全断面反台阶工作面开挖法改变为先拉底后挑顶的两步开挖法。实践证明,该法也是一种行之有效的方法。

采用全断面开挖法和台阶开挖法布置工作面的开挖均具有以下优点：①开挖空间大，有利于提高施工机械化程度和劳动生产率；②作业地点集中，施工管理方便；③轨道和管线路可以一次铺成，并可铺双轨提高出碴效率；④通风条件好，有利于改善劳动条件。

3.3.1.3　导洞开挖法

借助辅助巷道（导洞）开挖大断面硐室的方法称为导洞开挖法。先行开挖的导洞可用于硐室施工的通风、行人和运输，并有助于进一步查明硐室范围内的地质情况。这种导洞具有临时性，一般断面面积为 4～8m^2，在中等稳定岩层中不需临时支护。采用本法施工时不需要特殊设备和机具，并能根据不同地质条件、硐室断面和支护形式变换开挖方法，灵活性大，适用性强。导洞开挖法可根据导洞在主硐室的位置分为上导洞、下导洞和侧导洞等几种开挖法。图 3－36 为上导洞开挖施工示意图。

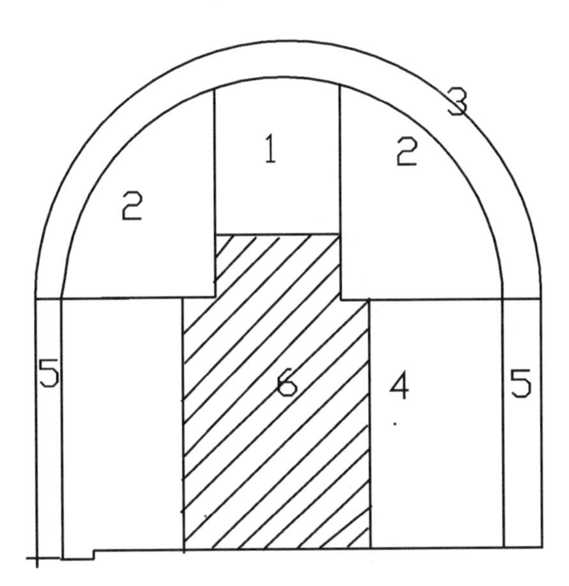

图 3－36　上导洞先拱后墙开挖法施工顺序图

1—上导洞；2—拱部扩大；3—浇灌混凝土拱顶；4—开挖边墙；5—浇灌混凝土边墙；6—挖取中心岩柱

3.3.2　施工工艺及流程

钻爆法施工流程如图 3－37 所示。

3.3.2.1　布孔技术

掏槽眼分为斜眼掏槽和直眼掏槽，眼的位置一般布置在开挖断面的中部或中偏下位置。在岩层层理明显时，炮眼方向应尽量垂直于岩层的层理面；在岩质软硬不均的岩层中，应将炮眼布置在岩层较为薄弱的位置，一般布置在软岩层中。掏槽眼必须比其他眼深 15～25cm，才能为辅助眼创造出足够深度的临空面，保证循环掘进进尺。

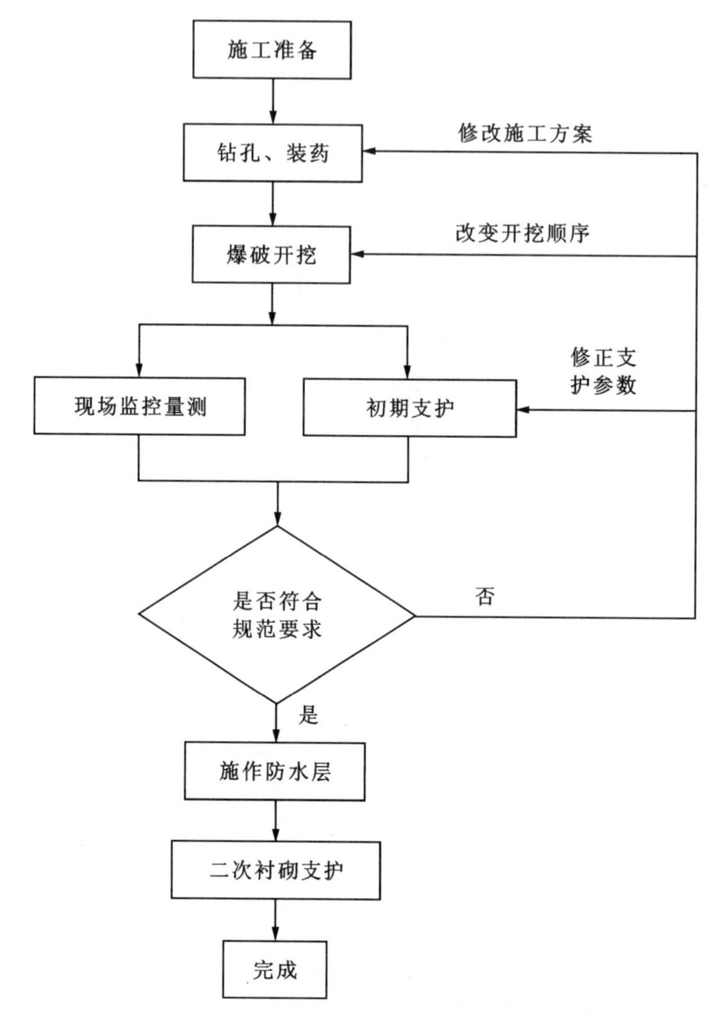

图 3-37　钻爆法施工流程图

1. 斜眼掏槽

斜眼掏槽包括单向斜眼掏槽、锥形掏槽和楔形掏槽。单向斜眼掏槽,一般用于中硬($f<4$)以下的层状岩层,炮眼方向要尽量垂直于岩层层理,一般在 45°～65°之间,岩石越硬,角度越小,间距在 30～60cm 范围内(图 3-38)。掏槽眼应尽量同时起爆,这样效果会更好。锥形掏槽一般用于较坚硬($f=4\sim10$)的整体岩层中(图 3-39)。它适用于层理接近于水平或倾斜平缓层面、裂缝和夹层的围岩或均匀整体的围岩。楔形掏槽可分为水平楔形掏槽(图 3-40)及垂直楔形掏槽,其中垂直楔形掏槽布置适用于层理大致垂直或倾斜的各种岩层。由于它的所有炮眼都是接近水平的(图 3-41),钻凿方便,利于和装碴同时平行作业,因而采用比较广泛。其主要形式有普通、剪式和层状 3 种。

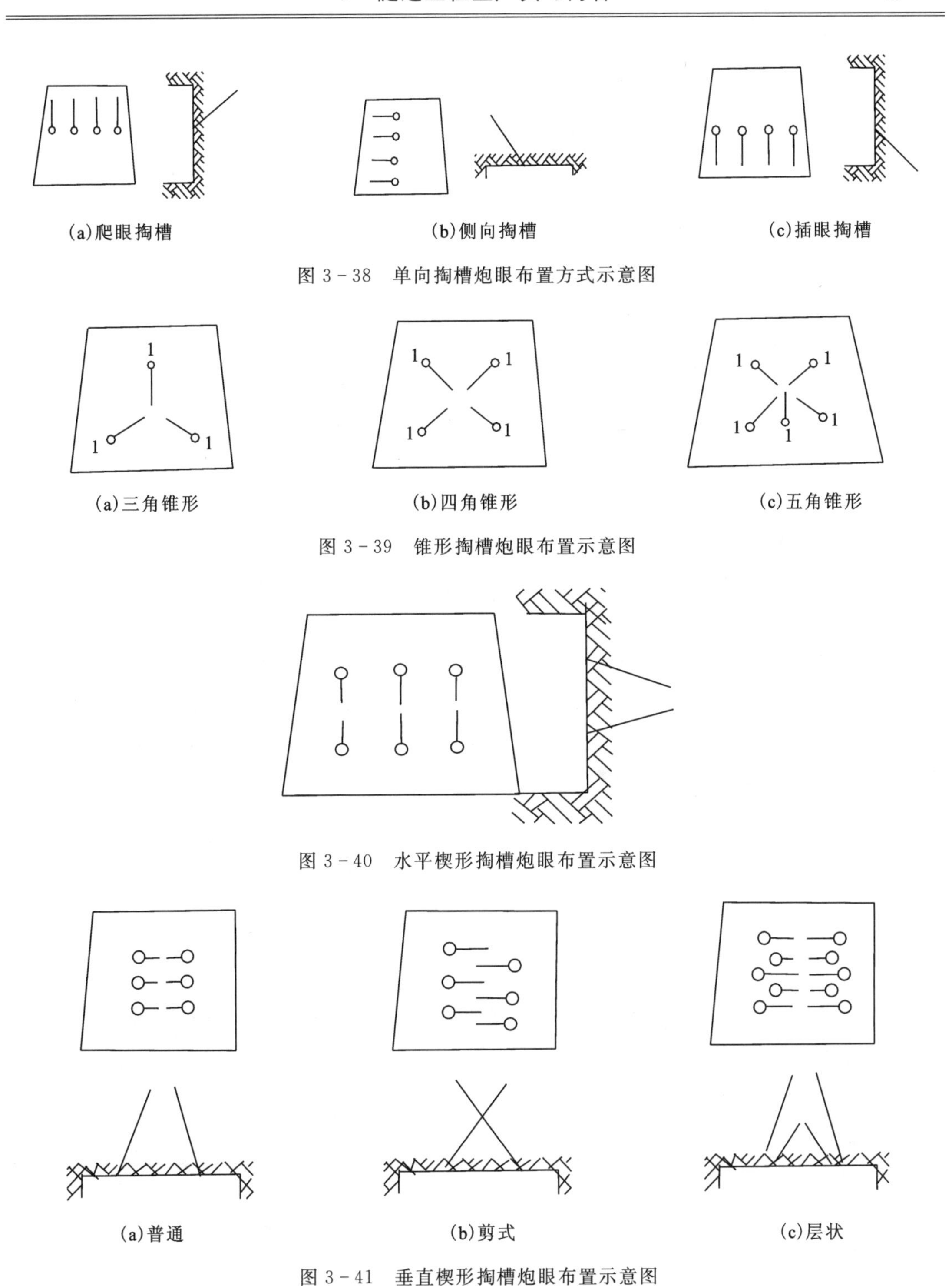

(a)爬眼掏槽　(b)侧向掏槽　(c)插眼掏槽

图 3－38　单向掏槽炮眼布置方式示意图

(a)三角锥形　(b)四角锥形　(c)五角锥形

图 3－39　锥形掏槽炮眼布置示意图

图 3－40　水平楔形掏槽炮眼布置示意图

(a)普通　(b)剪式　(c)层状

图 3－41　垂直楔形掏槽炮眼布置示意图

2. 直眼掏槽

浅眼直眼掏槽的典型形式有龟裂直眼掏槽、五孔小直径中空直眼掏槽、螺旋形掏槽、菱形掏槽、无空眼直眼掏槽、小直径中空直眼掏槽等(图 3－42～图 3－47)。

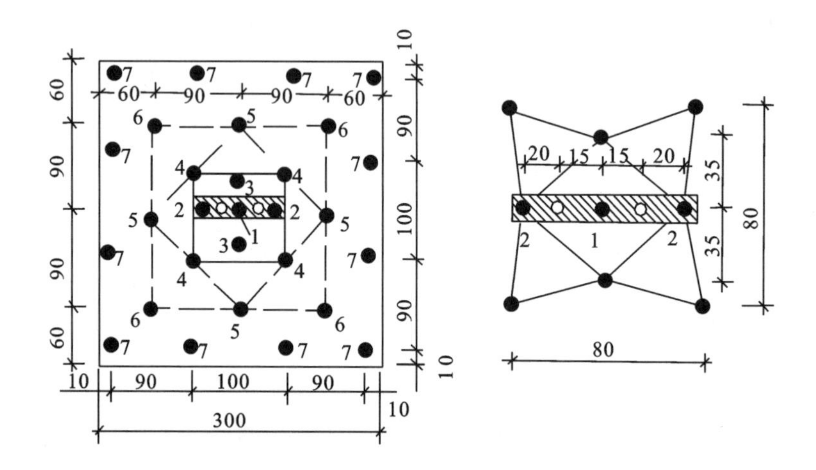

(a)一般布置

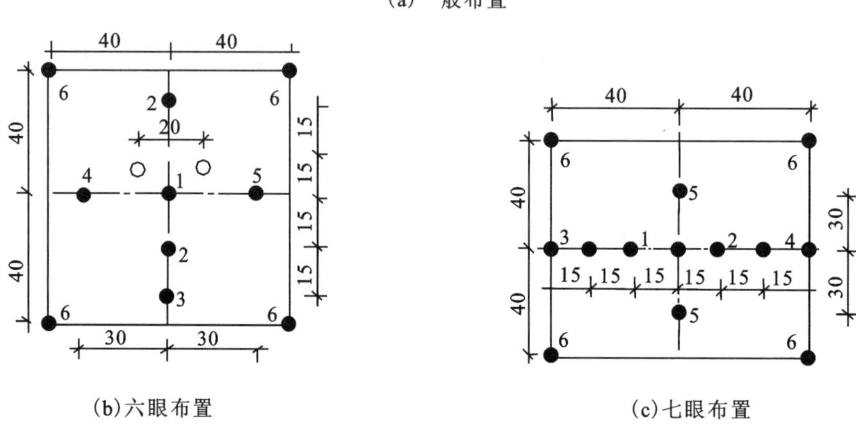

(b)六眼布置　　(c)七眼布置

图 3-42　龟裂直眼掏槽炮眼布置示意图

(单位:cm)

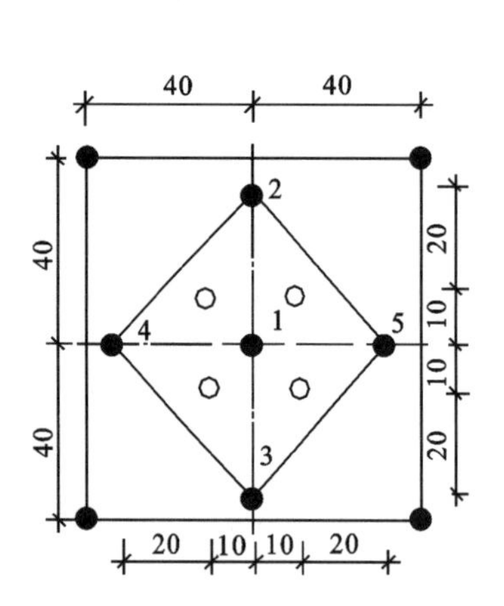

图 3-43　五孔小直径中空直眼掏槽炮眼布置示意图(单位:cm)

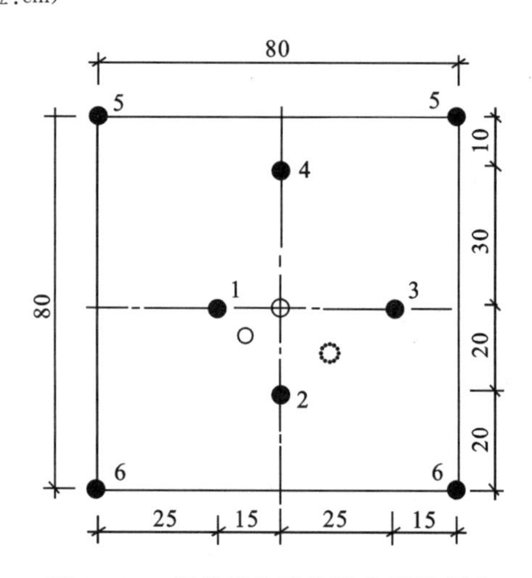

图 3-44　螺旋形掏槽炮眼布置示意图

(单位:cm)

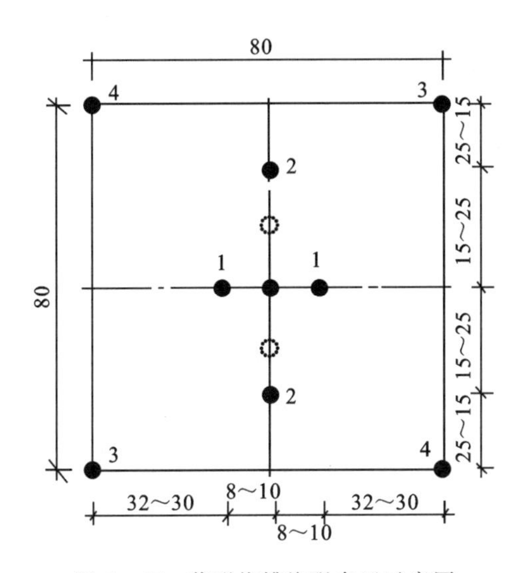

图 3-45　菱形掏槽炮眼布置示意图
（单位：cm）

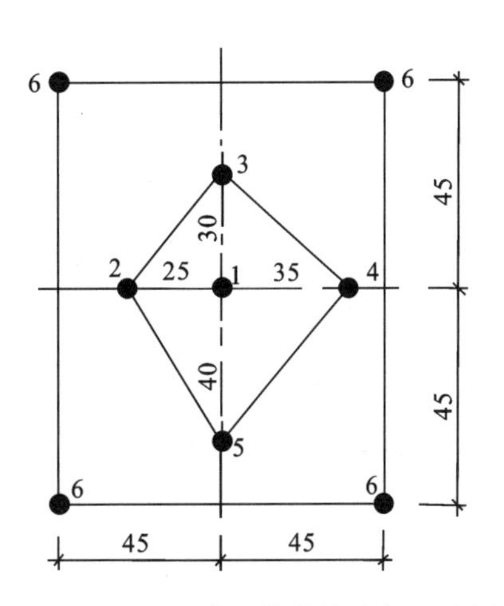

图 3-46　无空眼直眼掏槽炮眼布置示意图
（单位：cm）

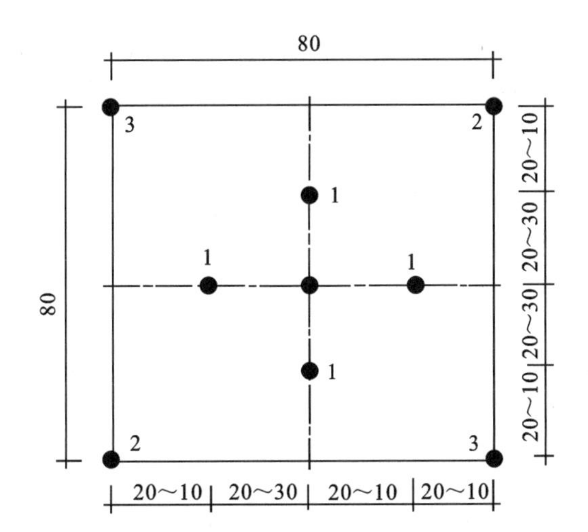

图 3-47　小直径中空直眼掏槽炮眼布置示意图
（单位：cm）

3. 掏槽形式的选定

掏槽形式的选定由以下几方面条件考虑决定：

(1)开挖断面的大小及宽度。

(2)地质条件。

(3)机具器材条件。

(4)钻眼爆破技术水平。

(5)开挖技术要求等。

根据以上条件将两大类掏槽适用条件加以对比，对比结果如表 3-2 所示。

表 3-2　直眼掏槽与斜眼掏槽的适用条件

序号	直眼掏槽	斜眼掏槽
1	大、小断面均可以,小断面更优越	大断面较适用
2	韧性岩层不适用	对各种地质条件均适用
3	一次爆破深度可以较大	受隧道宽度限制,不宜太深(深度小于 5m)
4	技术要求高,对钻眼精度影响大	相对来说可稍差些
5	炸药用量较多	炸药用量相对较少些
6	需用雷管段数多	需用雷管段数少
7	钻眼互相干扰少	钻眼时,钻机干扰大
8	碴堆较集中	抛碴远,易打坏设备

3.3.2.2　光面(预裂)爆破

光面爆破是一种控制岩体开挖轮廓的爆破技术,是通过沿开挖边界布置密集炮孔,采取不耦合装药或装填低威力炸药等措施,使周边眼在主爆区之后起爆的爆破方法(图 3-48)。预裂爆破线装药密度要比光面爆破大一些,周边眼间距要适当小一些,崩落距离与光面爆破周边眼的最小抵抗线相比也要小一些。周边眼则是最先起爆,爆破后沿周边眼连线形成断裂面,使保留的围岩稳定性不因主炮孔爆破而遭破坏。

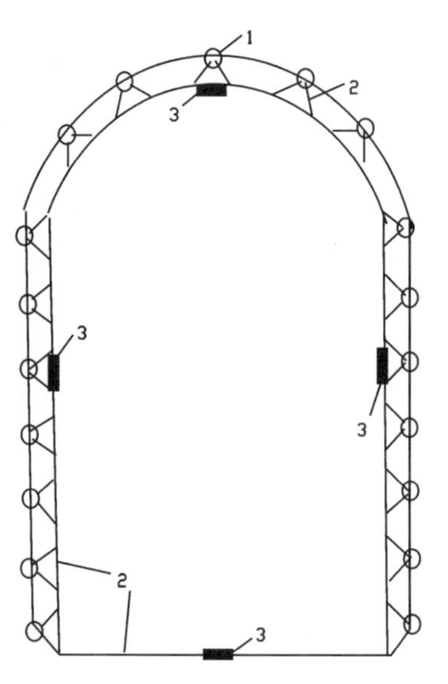

图 3-48　隧道光面爆破导爆索闭合网路图

1—炮孔;2—导爆索;3—起爆雷管

光面爆破和预裂爆破都是控制轮廓成型的爆破方法,它们都能有效地控制开挖面的超欠挖。两者之间的主要差别表现在两个方面:其一,预裂爆破是在主爆区爆破之前进行,光面爆破则是在之后进行;其二,预裂爆破中,在一个自由面条件下爆破,其所受的夹制作用很大,而光面爆破则是在两个自由面条件下进行,受夹制作用小。由于光面爆破周边孔在主爆孔之后起爆,因此防震及防爆破裂隙伸入保留区的能力较预裂爆破差。

不论在何种岩质条件下,即使在围岩岩质很差且不能留下半个孔痕迹时,采用光面爆破与不采用光面爆破或其他控制围岩轮廓爆破法相比,效果相差甚远。但在减轻围岩破坏、减少超挖、防止冒顶等方面,其作用都是不能忽视的。由于光面爆破存在第二个自由面,进行光面爆破的一个重要而必备的条件是孔间距应小于抵抗线。采用与之相反的做法,孔间岩壁不易形成平整壁面。

1. 钻孔

光面爆破的凿岩爆破参数主要包括周边孔间距 a、最小抵抗线 W、炮孔密集系数 m、不耦合系数 K、装药量 Q 等。其确定方法有工程类比法、理论计算法、半经验半试验法等。预裂爆破实践表明,预裂孔的偏差直接关系到边坡面的超欠挖,预裂壁面的超欠挖和不平整度主要取决于钻孔精度。预裂爆破的成败60%取决于钻孔质量,40%取决于爆破技术水平。钻孔质量的好坏取决于钻孔机械性能、施工中控制钻孔角度的措施和工人操作技术水平。

2. 装药结构

光爆孔的装药量通常为普通爆破法的1/4～1/3。隧道中的光面爆破和预裂爆破一般采用小直径药卷或专用的低爆速、低密度、低威力炸药,并采用不耦合装药爆破。按光面爆破的要求,装药应沿炮孔纵向均匀分布,并有合理的不耦合系数。当炮孔较浅时(深度小于2m),可采用连续装药;当炮孔较深时,若连续装药会因装药量少而集中于孔底部,故应采用导爆索连接的空气间隔装药,这样才能保证钻凿的岩体全部爆落。

预裂爆破装药结构有两种形式:一种是采用定位并将装药的塑料管控制在炮孔中央,爆破效果好,但费用较高;另一种是将直径为25mm、32mm或35mm等的标准药卷按顺序连续或间隔绑在导爆索上。炮孔底部1～2m区段的装药量应比设计值大1～4倍。取值视孔深和岩性而定,孔深者及岩性坚硬者取大值。接近堵塞段顶部1m的装药量为计算值的1/2或1/3,炮孔其他部位按计算的装药量装药。

3. 堵塞

为了保证预裂爆破效果,应该对炮孔进行堵塞。但是,也有人主张预裂爆破的炮孔可以不堵塞,孔在坚硬岩石中形成宽度非常小的缝即可。堵塞时先将牛皮纸团或编织袋放入堵塞段的下部,再回填钻屑,并使装药段保持空气间隔。

3.3.2.3　钻爆法施工流程

1. 钻爆开挖

钻爆法施工第一步为隧道爆破设计,可分为准备阶段和设计阶段。准备阶段包括了解工程基本情况、在现场做些小型试验、为设计作准备,设计阶段包括初步设计、现场试炮、调整参数、推广应用等。设计文件内容包括炮眼布置图及装药参数表、综合技术经济指标、编制说明等。

工程人员遵循最终的设计文件,利用风动凿岩机(包括手持式凿岩机、气腿式凿岩机、上向式凿岩机和导轨式凿岩机等）、液压凿岩机进行钻孔作业，并将选用的炸药装入炮孔。

起爆方法根据所用的器材不同分为：火雷管起爆法、电雷管起爆法和塑料导爆管起爆法、非电雷管起爆法，以及混合起爆法。常用的起爆器材有火雷管、导火索、电雷管、导爆索、塑料导爆管、非电雷管等。不同的爆破方法所用的起爆器材也不同。

隧道内往往一次起爆的电雷管数量较大，为满足起爆器起爆能力的需要，通常采用串并联的电爆网路连接法（图 3-49、图 3-50）。周边眼分成两支串联网路，其他眼分圈串联，而后量测各支路电阻并进行配平，接上配平电阻，最后并联在一起。

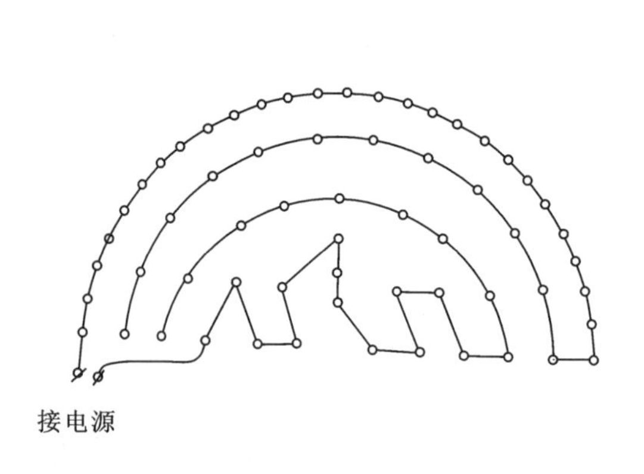

图 3-49　半断面电起爆串联网路示意图

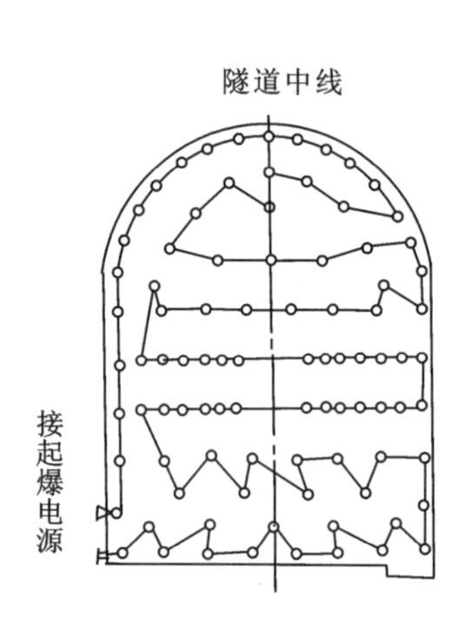

3-50　全断面电起爆串联网路示意图

2. 隧道通风与防尘

隧道爆破开挖施工中，由于炸药爆炸、内燃机械的使用、开挖时地层中放出有害气体及施工人员呼吸等因素，使洞内空气十分污浊，对人体的影响较为严重。因此，在隧道内必须尽量降低有害气体的浓度，同时对其他不利于施工的因素如噪声、地热等也应进行控制。按照有关规定，隧道施工作业环境必须符合相应的卫生标准。

施工通风方式应根据隧道的长度、断面大小、施工方法和设备条件等诸多因素来确定。在施工中，有自然通风和强制机械通风两类。其中自然通风是利用硐室内外的温差或风压差来实现通风的一种方式，一般仅限于短直隧道，且受洞外气候条件的影响极大，因而完全依赖于自然通风是较少的，绝大多数隧道均应采用强制机械通风（图 3-51、图 3-52）。

目前，在隧道施工中应采取综合性防尘措施，这些措施主要为：湿式凿岩、机械通风、喷雾洒水和个人防护。

（1）湿式凿岩。就是在钻眼过程中利用高压水湿润粉尘，防止岩粉飞扬。根据现场测定，该方法可降低 80% 的粉尘量。目前，我国生产并使用的各类风钻都有给水装置，使用方便。对于缺水、易冻害或岩石不适于湿式钻眼的地区，可采用凿岩机干式孔口捕尘器，其效果也较好。

（2）机械通风。施工通风可以稀释隧道内的有害气体浓度，给施工人员提供足够的新鲜空气，也是防尘的基本方法。因此，除了爆破后的通风外，还应经常保持通风，这对于消除装运爆碴等工序中产生的粉尘十分必要。

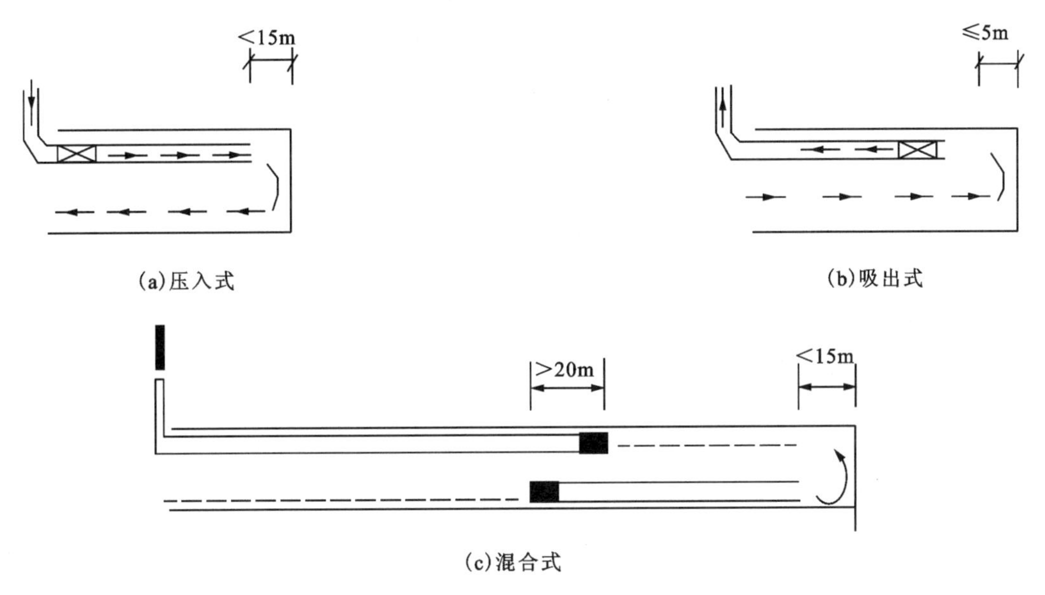

图 3-51　不同通风方式示意图

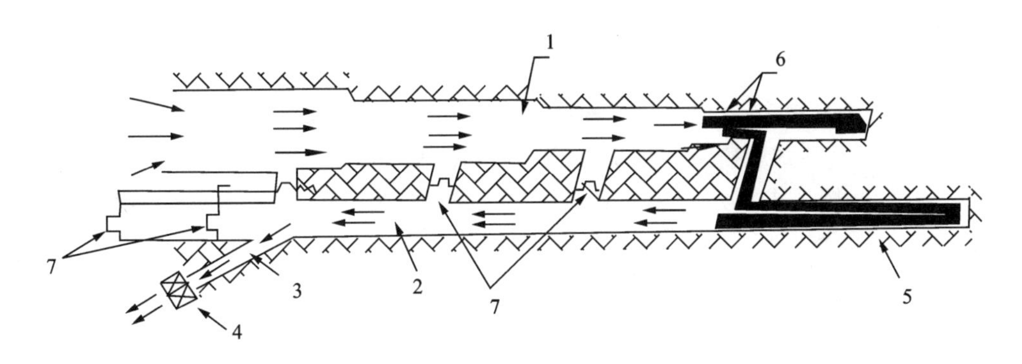

图 3-52　巷道式通风示意图

1—主洞；2—平行导洞；3—通风支洞；4—主通风机；5—吸出式风机；6—压入式风机；7—风门

(3)喷雾洒水。喷雾一般是在爆破时实施，主要防止爆破中产生的粉尘过大。喷雾器分两大类：一种是风水混合喷雾器；另一种是单一水力作用喷雾器。前者是利用高压风将流入喷雾器中的水吹散而形成雾粒，适合爆破作业时使用；后者则无需高压风，只需一定的水压即可喷雾。单一水力作用喷雾器便于安装，使用方便，可安装于装碴机上，适合于装碴作业时使用。

(4)个人防护。个人防护主要是指佩戴防护口罩，在凿岩、喷射混凝土等作业时还要佩戴防噪声的耳塞及防护眼镜等。

3. 装碴与运输

出碴是隧道施工的辅助作业之一。出碴作业能力的强弱，决定了出碴环节在整个作业循环中所占时间的长短(一般在40%～60%)，因此，出碴运输作业能力的强弱在很大程度上影响施工速度。

隧道开挖出碴装运方式可分为有轨（轨道式）和无轨（轮胎式、履带式）两大类。各类的主要配套设备参考表 3－3。

表 3－3 平洞装运配套设备

类别	装岩设备	运输设备	
		运输机械	牵引机械
有轨	1. 铲斗式装岩机（电动或风动）； 2. 带运输机的铲斗式装岩机（电动或风动）； 3. 立爪式装载机（耙碴机、电动或风动）	1. 矿车：“V”形斗车，侧卸矿车，底卸矿车； 2. 梭车	1. 蓄电池式电机车； 2. 架线电机车； 3. 内燃机车
无轨	1. 轮胎式铲斗装岩机（电动或风动）； 2. 轮胎式立爪装载机（耙碴机、电动或风动）； 3. 轮胎式或履带式装载机（油动、前卸、后卸或三向卸）； 4. 轮胎式自行装岩运输车（油、后卸、双向行驶）	1. 装运机（风动或内燃），双向短距离自行； 2. 轮胎式梭车（油动），双向自行； 3. 自卸汽车（油动，刚性底盘或铰接式底盘），后卸、侧卸或底卸，单向行驶或双向行驶	

在选择出碴方式时，应对隧道开挖断面的大小、围岩的地质条件、一次开挖量、机械配套能力、经济性及工期要求等相关因素综合考虑。出碴作业可以分解为装碴、运碴、卸碴 3 个环节。

装碴机械的类型很多，按其扒碴机构形式可分为：铲斗式、蟹爪式（图 3－53）、立爪式（图 3－54）、挖斗式。铲斗式装碴机为间歇性非连续装碴机，有翻斗后卸、前卸和侧卸式 3 种卸碴方式（图 3－55）。蟹爪式、立爪式和挖斗式装碴机是连续装碴机，均配备刮板（或链板）转载后卸机构。

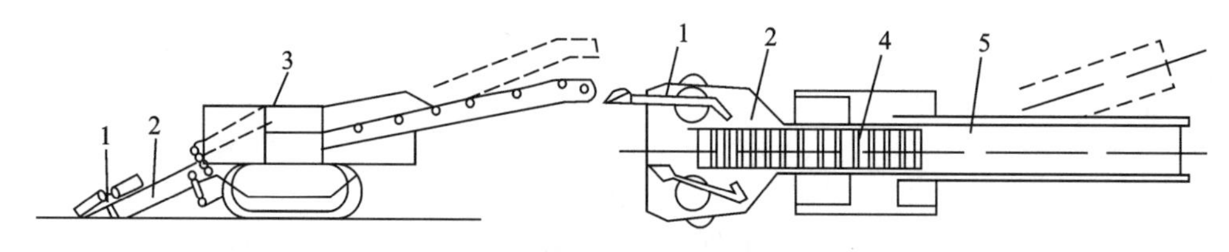

图 3－53 蟹爪式装碴机示意图

1—蟹爪；2—受料盘；3—机身；4—链板输送机；5—带式输送机

隧道施工的洞内运输（出碴和进料）方式分为有轨式和无轨式。有轨式运输是铺设小型钢轨轨道，用轨道式运输车出碴和进料。有轨式运输大多采用电瓶车或内燃机车牵引，有少量为人力推运，采用斗车或梭式矿车运石碴，是一种适应性较强的较为经济的运输方式。无轨式运输是采用无轨运输车出碴和进料，其特点是机动灵活，不需要铺设轨道，适用于弃碴场离洞口较远和道路纵坡度较大的场合。缺点是由于大多采用内燃驱动车辆，作业时，在整个洞中排出的废气污染了洞内空气，故适用于大断面开挖和中等长度的隧道施工中，并应注意加强洞内通风。

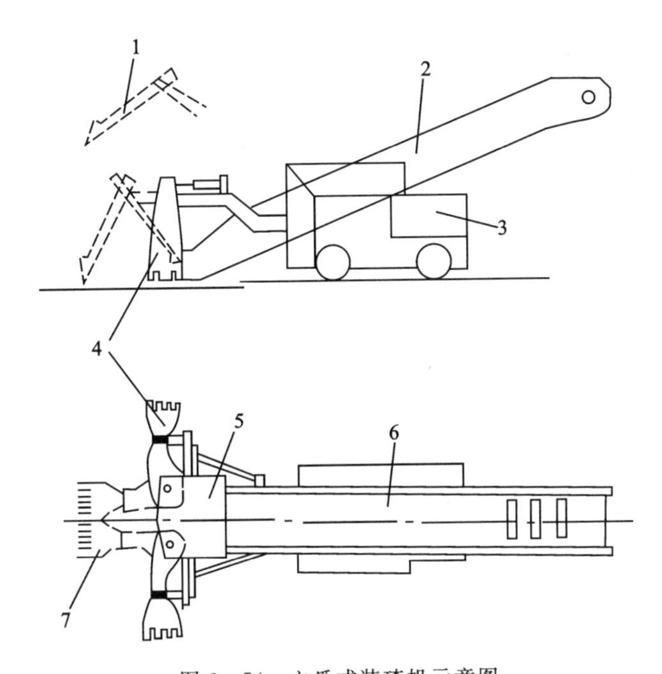

图 3－54　立爪式装碴机示意图

1—立爪；2、6—链板输送机；3—机体；4—立爪(左、右位置)；5—机架；7—立爪(前方位置)

图 3－55　轮胎式铲斗装载机示意图

4. 隧道支护

在硐室施工中，支护工作量占有很大比重，其工作进度直接影响着地下工程的施工速度，施工质量直接决定着地下工程的稳定。因此，硐室支护是继硐室开挖之后地下建筑施工中的另一项主导工程。

目前，隧道支护形式主要有锚喷衬砌、整体式衬砌和复合式衬砌 3 种。锚喷衬砌一般由锚杆、喷射混凝土、钢筋网等组成。整体式衬砌由临时支撑(施工支护)和永久衬砌组成。复合式衬砌由初期支护和二次衬砌组成。临时支撑(施工支护)和初期支护一般由锚杆、钢筋网、钢支撑、喷射混凝土等组成。永久衬砌和二次衬砌一般为模筑混凝土。

(1)隧道工程开挖后,应尽快安设锚杆,一般宜先喷射混凝土,再钻孔安设锚杆;锚杆的孔位、孔径、孔深及布置形式应符合设计要求,锚杆杆体露出岩面长度,不应大于喷层的厚度,应确保隧道工程辅助稳定措施中的锚杆施工质量符合设计要求。不同类型的锚杆,其施工要点也不相同,最常见的锚杆基本分类方法是按锚杆与被支护结构(岩体)的锚固方式划分为5种类型:①普通水泥砂浆全黏结锚杆;②早强药包内锚头锚杆;③楔缝式内锚头锚杆;④缝管式摩擦锚杆;⑤胀壳式锚杆(图3-56～图3-60)。锚杆具体分类见图3-61。锚杆施工工艺流程见图3-62。

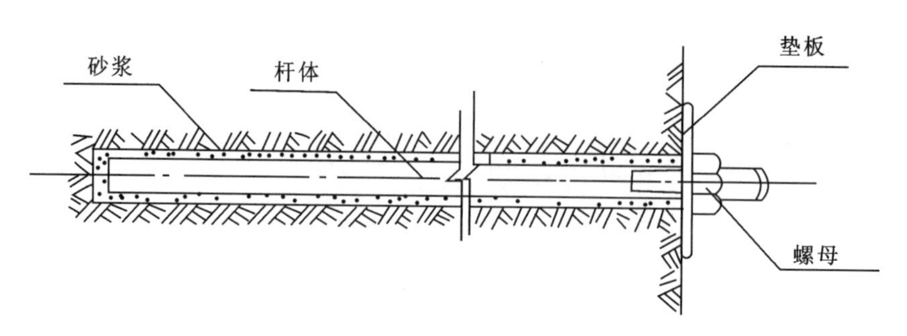

图3-56　普通水泥砂浆全黏结锚杆示意图

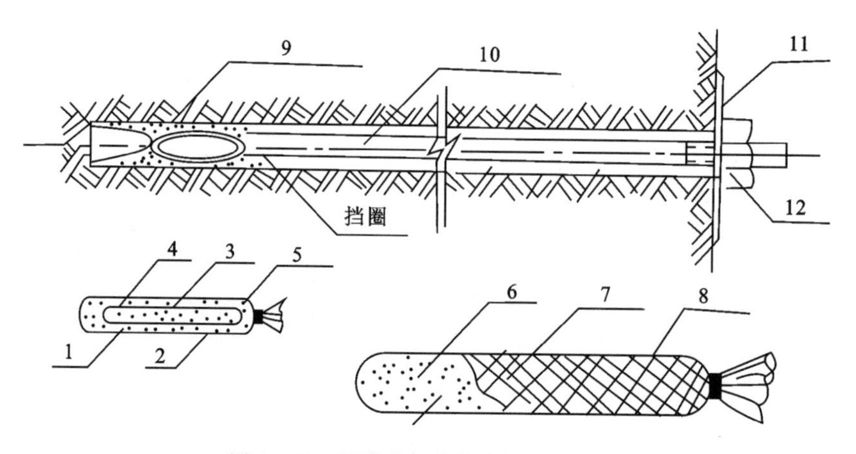

图3-57　早强药包内锚头锚杆示意图

1—不饱和聚酯树脂+加速剂+填料;2—纤维纸和塑料袋;3—固化剂+填料;4—玻璃管;5—堵头(树脂胶泥封口);6—快硬水泥;7—湿强度较大的滤纸筒;8—玻璃纤维纱网;9—树脂锚固剂;10—带麻花头杆体;11—垫板;12—螺母

(2)喷射混凝土时使用混凝土喷射机,按一定的混合程序,将掺有速凝剂的混凝土拌和料与高压水混合,经过喷嘴喷射到岩壁表面上,并迅速凝固结成一层支护结构,从而对围岩起到支护作用。用喷射混凝土做隧道支护的主要优点是:施工速度较快,支护及时,施工安全;支护质量较好,强度高,密实度好,防水性能较好;省工,操作较简单,支护工作量少;省料,不需要对边墙后及拱背作回填压浆等,施工灵活性很大,可以根据需要分次喷射混凝土以追加厚度,满足工程设计与使用要求。

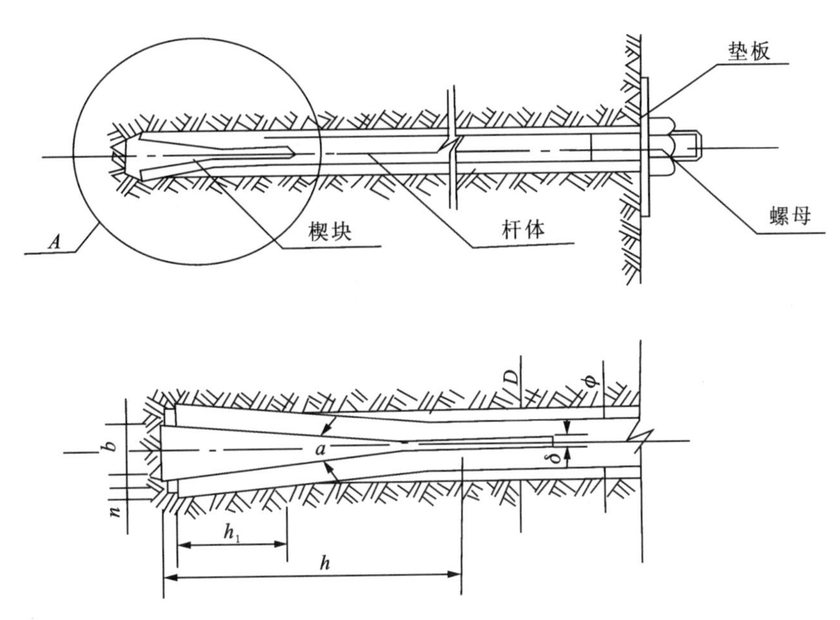

图 3-58 楔缝式内锚头锚杆示意图

D—钻孔直径；ϕ—锚杆杆体直径；δ—锚杆杆体楔缝宽度；b—楔块端头厚度；a—楔块的楔角；h—楔块长度；h_1—楔头两翼嵌入钻孔壁长度；n—楔缝两翼嵌入钻孔壁深度

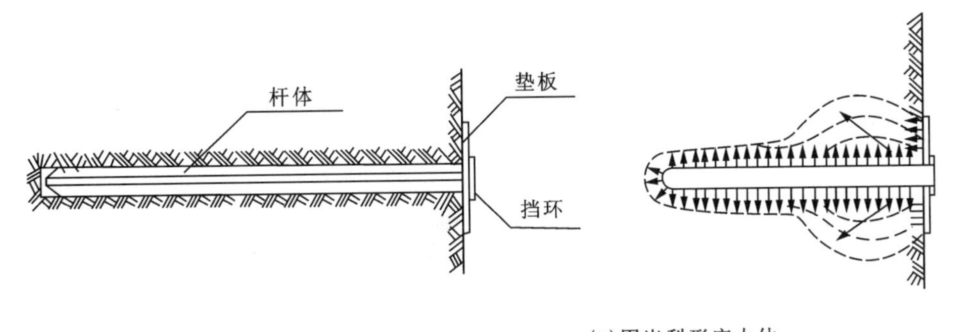

(a)缝管式锚杆　　(b)围岩梨形应力体

图 3-59 缝管式摩擦锚杆示意图

喷射混凝土的工艺流程有干喷、潮喷、湿喷和混合喷 4 种类型。它们之间的主要区别是：各工艺流程的投料程序不同，尤其是加水和速凝剂的时机不同，其中湿喷混凝土按其输送方式的不同，可分为风送式、泵送式、抛甩式和混合式，应根据实际情况选用。

A. 干喷

干喷是指用搅拌机将骨料和水泥拌和好，投入喷射机料斗，同时加入速凝剂，用压缩空气使干混合料在软管内呈悬浮状态，压送到喷枪，在喷头处加入高压水混合，以较高速度喷射到岩面上。其工艺流程如图 3-63 所示。

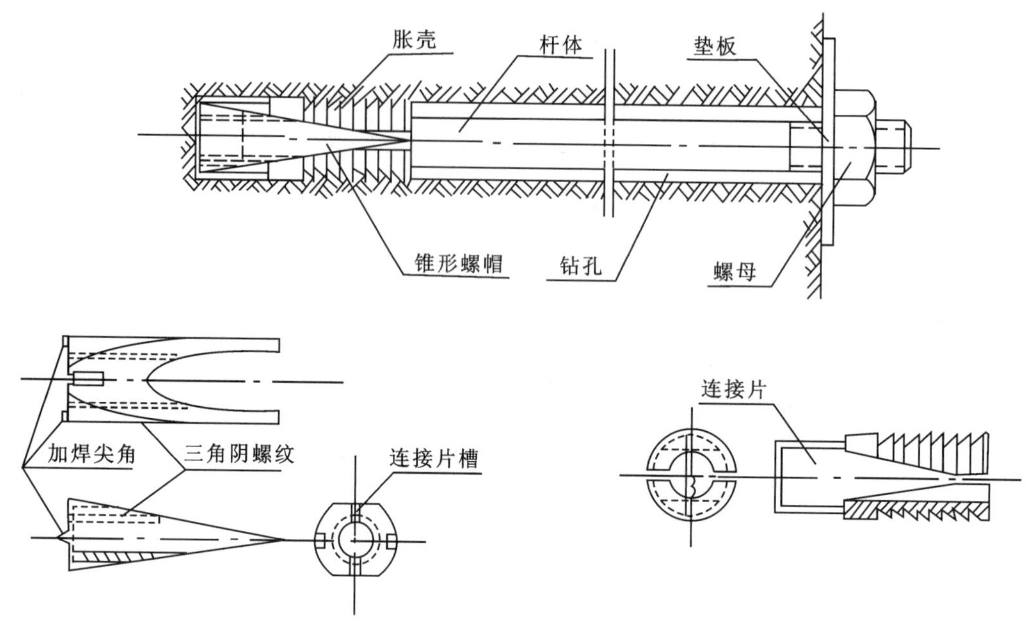

图 3-60 胀壳式锚杆示意图

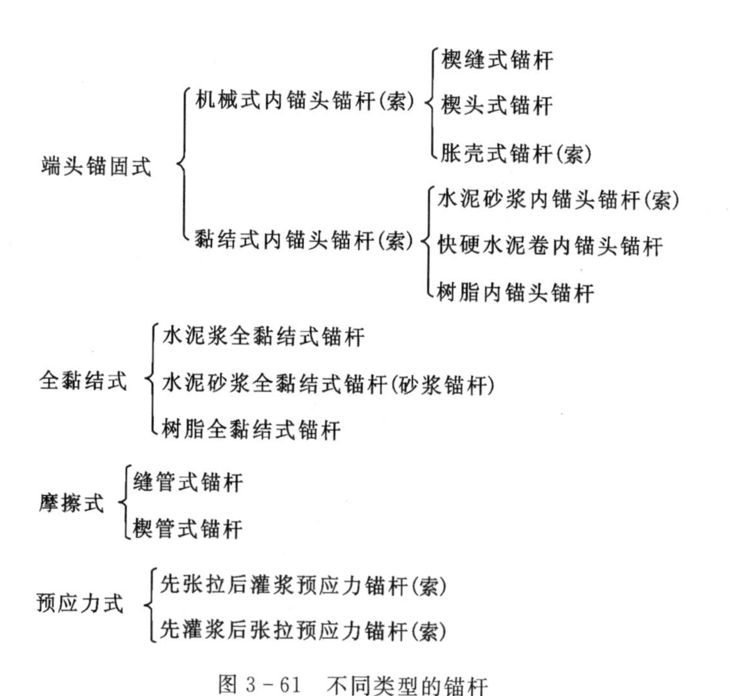

图 3-61 不同类型的锚杆

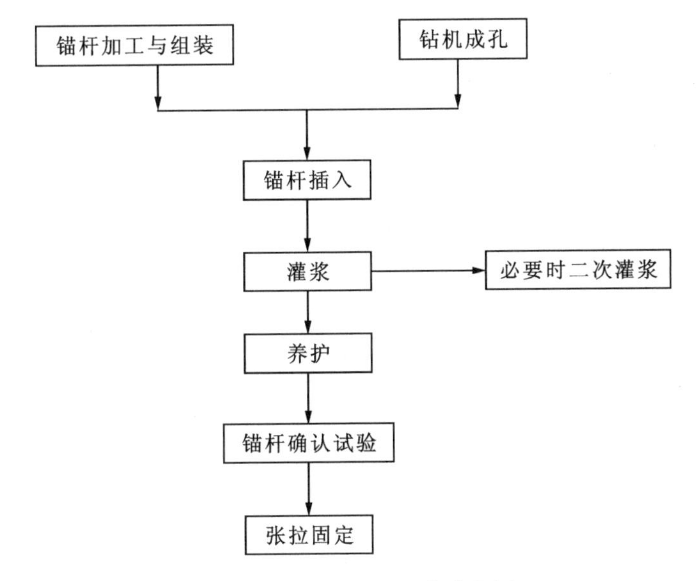

图 3-62　锚杆施工工艺流程图

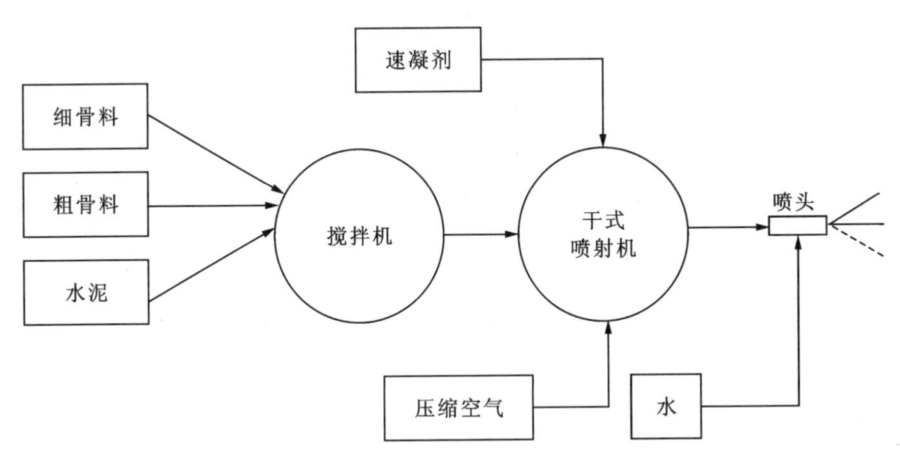

图 3-63　干喷、潮喷工艺流程图

干喷的特点是:产生的水泥与砂粉尘量较大,回弹量亦较大,加水是由喷嘴处的阀门控制的,水灰比的控制程度与喷射手操作的熟练程度有直接关系。但使用的机械较简单,机械清洗和故障处理较容易。

B. 潮喷

潮喷是指将骨料预加少量水,使之呈潮湿状,再加水泥拌和,从而降低上料、拌和和喷射时的粉尘量,但大量的水仍是在喷头处加入和从喷嘴射出的,其工艺流程与使用机械同干喷工艺(图 3-63)。目前隧道施工现场使用较多的是潮喷工艺。

C. 湿喷

湿喷是指将骨料、水泥和水按设计比例拌和均匀,将用湿式喷射机压送拌和好的混凝土混合料压送到喷头处,再在喷头上添加速凝剂后喷出,其工艺流程如图 3-64 所示。

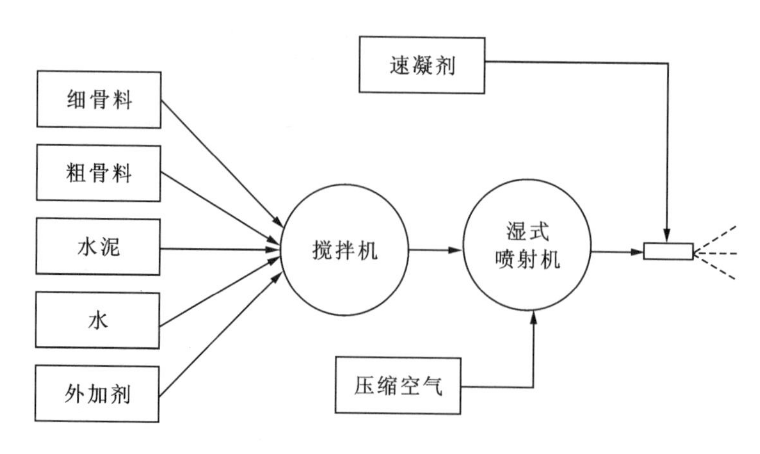

图 3-64 湿喷工艺流程图

湿喷混凝土的质量较容易被控制,喷射过程中的粉尘和回弹量较少,与干喷相比可降低50%以上的粉尘量;减少50%的耗风量,提高50%的抗压强度,回弹也成倍降低。湿喷工艺是应当发展和推广应用的喷射工艺,但对湿喷机械要求较高,存在设备复杂、成本高、机械清洗和故障处理较困难等问题。对于喷层较厚的软岩和渗水隧道,不宜采用湿喷混凝土工艺施工。目前,国内地下工程施工中还是选用干喷法比较多。

D. 混合式喷射(SEC 式喷射)

此法又称水泥裹砂造壳喷射法,分别由泵送砂浆系统和风送混合料系统两套机具组成。先是将一部分砂第一次加水拌湿,再投入全部用量水泥,强制拌和成以砂为核心外裹水泥壳的球体;第二次加水,并与减水剂拌和成 SEC 砂浆;再将另一部分砂与石、速凝剂按配合比配料,强制搅拌成均匀的干混合料;然后再分别通过砂浆泵和干式喷射机,将拌和成的砂浆及干混合料由高压胶管输送到混合管混合;最后由喷头喷出。其工艺流程如图 3-65 所示。

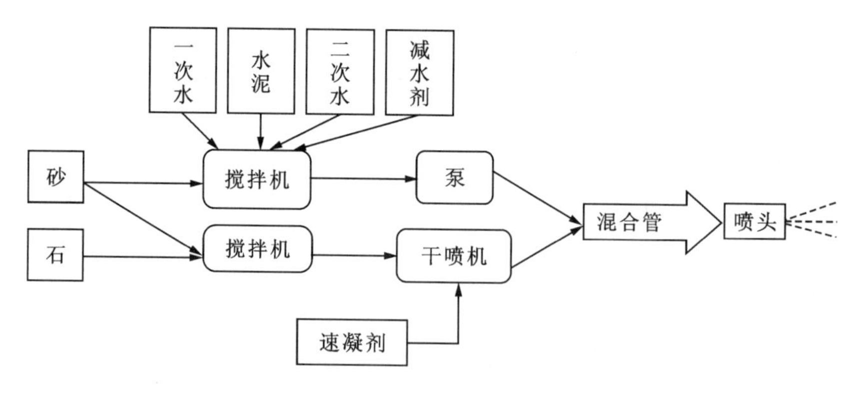

图 3-65 混合喷射工艺流程图

混合式喷射是分次投料搅拌工艺与喷射工艺相结合,其关键是水泥裹砂(或砂、碎石)造壳工艺技术。混合喷射工艺使用的主要机械设备与干喷工艺基本相同,但混凝土的质量较干喷混凝土的质量好,且粉尘量和回弹量大幅度降低。在混合式喷射中,机械使用数量较多,工艺技术较复杂，机械清洗和故障处理较麻烦。因此，一般只在喷射混凝土量大和大断面隧道工程中使用。混合式喷射混凝土强度可达到C30～C35，而干喷和潮喷混凝土强度较低，一般只能达到C20。

(3)整体式衬砌可分为混凝土衬砌和钢筋混凝土衬砌两大类。主要作业包括模板、钢筋(混凝土衬砌不含有钢筋作业)和混凝土，其施工工艺流程见图3-66。

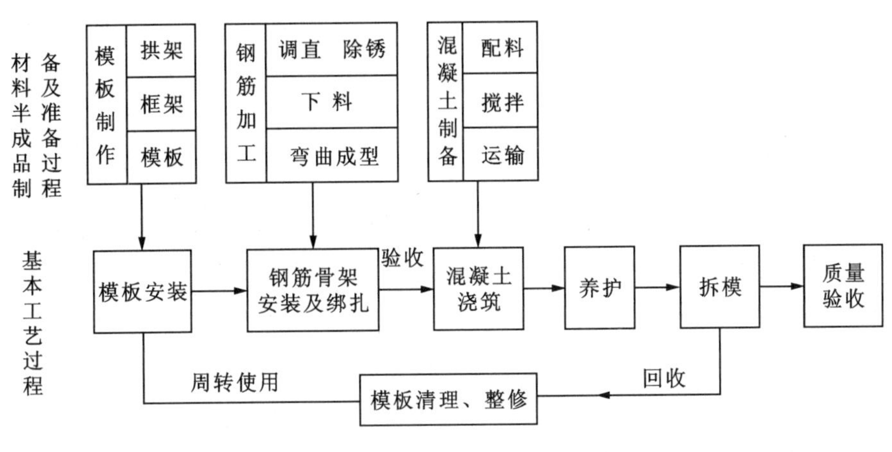

图3-66　衬砌施工工艺流程图

4　基坑工程生产实习内容

4.1　基坑工程概述

基坑工程是地下工程施工中一个非常古老的传统课题，同时又是一个综合性的岩土工程难题。既涉及土力学中典型强度与稳定问题，也包含了变形问题，同时还涉及到土与支护结构的共同作用。在施工的每一个阶段，结构体系和外界荷载都在变化。而且施工工艺的变化、挖土次序的位置变化、支撑和留土时间的变化也非常复杂，都对施工的成败有直接影响。

4.1.1　基坑开挖方式

根据土层条件和周边环境，基坑开挖分为以下 4 种类型。

1. 无支护开挖

无支护开挖又分为垂直开挖和放坡开挖，不采用支撑，费用低，工期短，是首要考虑的开挖方式。

2. 支护开挖

根据制作方式将常用的围护结构类型分类，如图 4－1 所示。

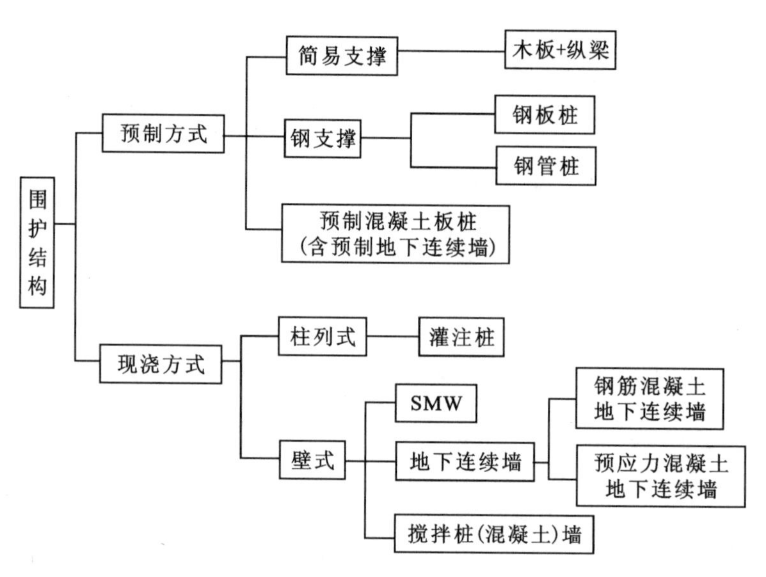

图 4－1　常用的围护结构类型

3. 逆作法或半逆作法开挖

该法是一项近年来发展起来的新兴基坑支护技术。借助地下结构的支撑作用,可节省坑壁的锚拉结构。其施工顺序是先做混凝土灌注桩,再做混凝土箱基顶板,然后再做竖井开挖排土,利用箱基结构作为侧向挡土结构的支撑点。

4. 其他形式

除以上介绍的几种开挖方式外,还有综合法支护开挖(基坑部分放坡开挖,部分支护开挖)及坑壁、坑底土体加固开挖等。

4.1.2 基坑支撑体系

用来支挡围护墙体,承受墙背侧土层及地面超载在围护墙上的侧压力,限制围护结构位移的称为基坑支撑体系。支撑体系是由支撑、围檩、立柱三部分组成,围檩、立柱是根据基坑具体规模、变形要求的不同而设置的。支撑材料应根据周边环境要求、基坑的变形要求、施工技术条件和施工设备的情况来确定。常用的有以下几类。

(1)钢支撑。安装、拆除方便,且可施加预应力,但是其刚度小,墙体变位大,安装偏离会产生弯矩。

(2)钢筋混凝土支撑。刚度大、变形小,平面布置灵活。缺点是自重大,不能预加轴力,且达到强度需要一定的时间,拆除需要爆破,其制作与拆除时间比钢支撑长。

(3)钢与钢筋混凝土混合支撑。这种支撑具有钢与钢筋混凝土各自的优点,但是不太适用于宽大的基坑。

目前,城市隧道明挖基坑所采用的围护结构种类很多,其施工方法、工艺和所用的施工机械也各异。因此,应根据基坑深度、工程地质和水文地质条件、地面环境条件等,特别要考虑到城市施工这一特点,经综合比较后确定。

4.1.3 围护结构

4.1.3.1 工字钢桩围护结构

一般采用I50、I55和I60的大型工字钢作为基坑围护结构主体。基坑开挖前,在地面用冲击式打桩机沿基坑设计边线逐根打入地下,桩间距一般为1.0～1.2m。若地层为饱和淤泥等松软土层,也可采用静力压桩机和振动打桩机进行沉桩。基坑开挖时,随挖土方在桩间插入5cm厚的水平木背板,以挡住桩间土体。基坑开挖至一定深度后,若悬臂工字钢的刚度和强度都不够,就需要设置腰梁和横撑或锚杆(索),多采用大型槽钢、工字钢制成腰梁,横撑则可采用钢管或组合钢梁,其支撑平面形式如图4-2所示。

工字钢桩围护结构适用于黏性土、砂性土和粒径不大于10cm的砂卵石地层,当地下水位较高时,必须配合人工降水措施。而且打桩时,施工噪声一般都在100dB以上,大大超过了《中华人民共和国环境保护法》规定的限值,所以这种围护结构只适用于距居民点较远的基坑施工中。

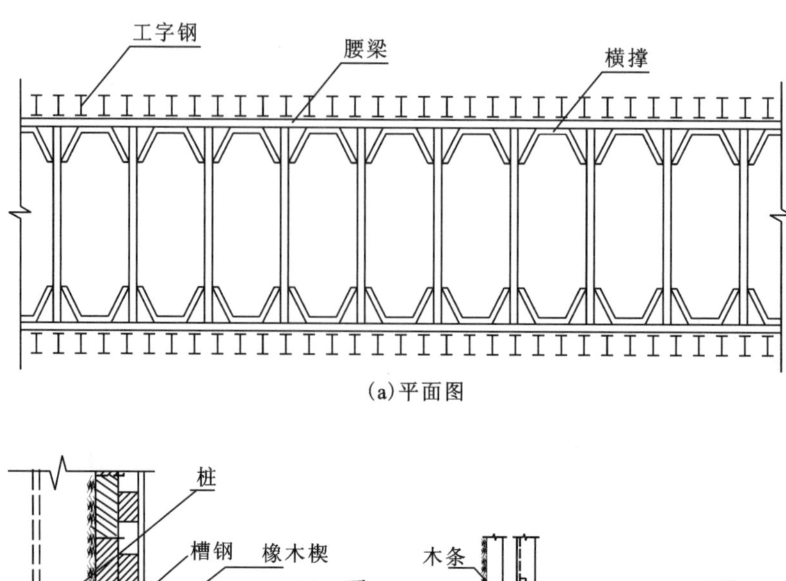

(a)平面图

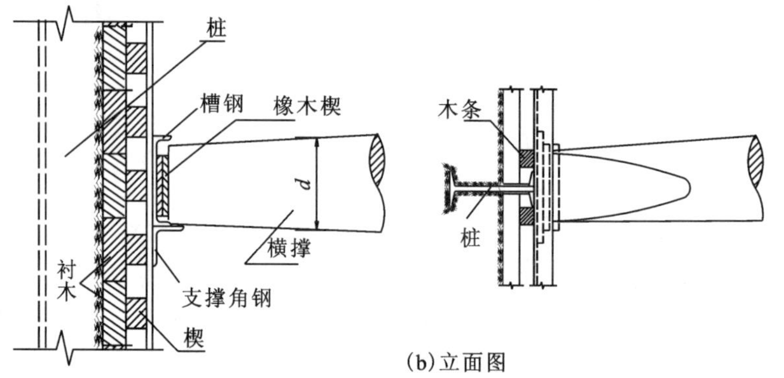

(b)立面图

图 4-2　工字钢桩围护结构支护示意图

4.1.3.2　钢板桩围护结构

钢板桩由带锁口或钳口的热轧型钢制成,强度高,桩与桩之间连接紧密,形成钢板桩墙,隔水效果好,可多次使用。因此,沿海城市如上海、天津等地修建城市隧道时,在地下水位较高的基坑中采用较多,北京地铁一期工程也曾采用过。但钢板桩一般为临时的基坑支护,在地下主体工程完成后即可将钢板桩拔出。

目前钢板桩常用断面形式为"U"形或"Z"形,还有直腹板型。我国城市隧道施工中多用"U"形钢板桩。

钢板桩根据构成方法则可分为单层钢板桩围堰、双层钢板桩围堰及屏幕等。当采用屏幕式构造时,施工方便,可保证基坑的垂直度,并使基坑封闭合拢。在城市隧道施工时,对较深大的基坑多采用此围护形式,如图 4-3 所示。钢板桩的边缘一般应设置通长锁口,使相邻板桩能相互咬合成既能截水又能共同承力的连续护壁。考虑到施工中的不利因素,在地下水位较高的地区,当环保要求较高时,应在钢板桩背面另外加设水泥土之类的隔水帷幕。

钢板桩围护墙可以用于圆形、矩形、多边形等各种平面形状的基坑,对于矩形和多边形基坑,在转角处应根据转角平面形状做相应的异型转角桩。

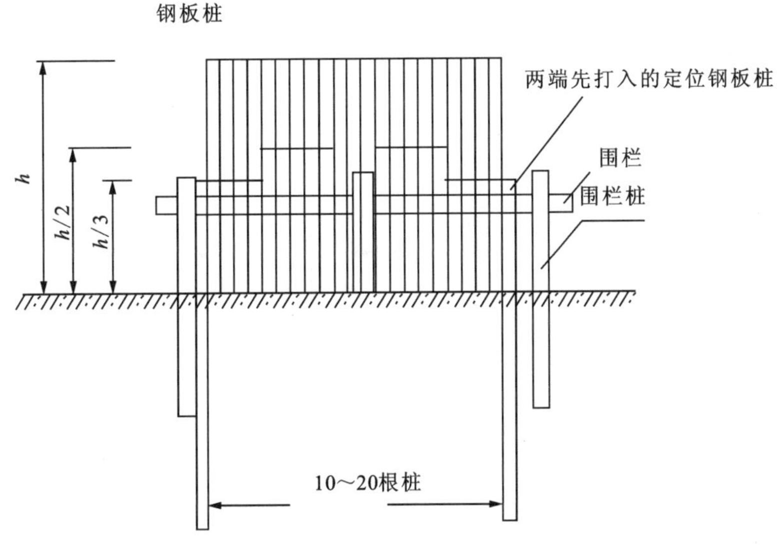

图 4－3　钢板桩围护结构示意图

钢板桩通常采用锤击、静压或振动等方法沉入土中，这些方法可以单独使用或者相互配合使用。

当板桩长度不够时，可采用相同型号的板桩按等强度原则接长。打钢板桩应分段进行，不宜单块打入。封闭或半封闭围护墙应根据板桩规格和封闭段的长度事先计算好块数，第一块沉入的钢板桩应比其他的桩长 2～3m，并应确保它的垂直度。有条件时最好在打桩前在地面以上沿围护墙位置先设置导架，将一组钢板桩沿导架正确就位后逐根沉入土中。

钢板桩由于施工简单而应用较广，但是钢板桩的施工可能会引起相邻地基的变形和产生噪声振动，对周围环境影响很大，因此在人口密集、建筑密度很大的地区使用常常会受到限制。而且钢板桩本身柔性较大，如支撑或锚拉系统设置不当，其变形会很大，所以当基坑支护深度大于 7m 时，不宜采用。同时由于钢板桩在地下室施工结束后需要拔出，因此应考虑拔出时对周围地基土和地表土的影响。

4.1.3.3　水泥土搅拌桩挡墙

水泥土搅拌桩挡墙就是利用水泥作为固化剂，采用机械搅拌，将固化剂和软土剂强制拌和，使固化剂和软土剂之间产生一系列物理化学反应而逐步硬化，形成具有整体性、水稳定性和一定强度的水泥土桩墙，可作为支护结构。水泥土搅拌桩挡墙适用于淤泥、淤泥质土、黏土、粉质黏土、粉土、素填土等土层，基坑开挖深度不宜大于 6m。对有机质土、泥炭质土，宜通过试验确定。

常用的有水泥土搅拌桩组成的重力坝式挡土墙和 SMW 工法(Soil Mixed Wall)两种。重力坝式水泥土挡墙，如图 4－4(a)所示。它的优点是不设支撑，不渗水，而且只用水泥，不需钢材，较经济。但为保持稳定，其宽度较大，因此，必须有足够的施工场地。SMW 工法如图 4－4(b)所示，是在单排搅拌桩内插入 H 型钢，再配以支撑系统，达到既挡土又挡水的目的。SMW 工法施工速度快,占地少,在日本应用较多。

我国在施工中还利用水泥土搅拌桩排列成拱形。在拱脚处需设置钢筋混凝土钻孔灌注桩或在拱脚的水泥土桩中插入型钢,用以传递支撑推力。这种拱形支护结构受力合理,位移小,造价低,但需要足够的场地,并需精心施工,适合于跨度不大的沟槽。

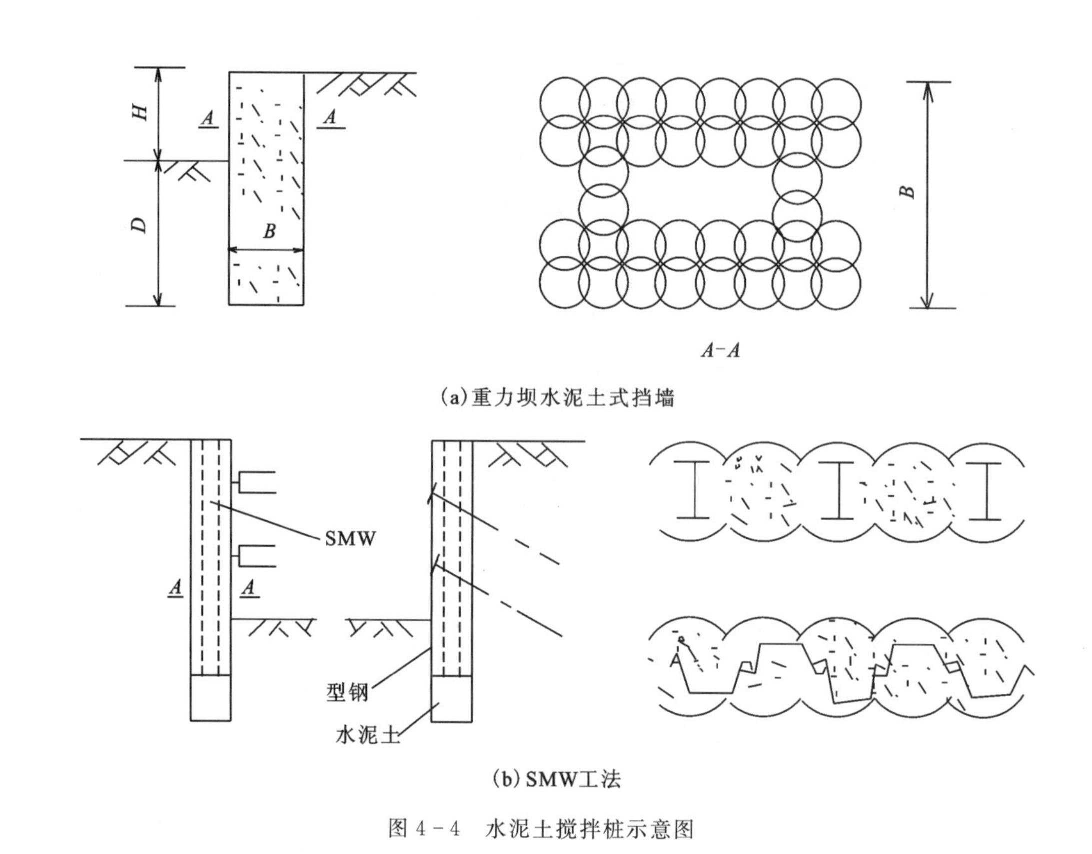

(a)重力坝水泥土式挡墙

(b)SMW工法

图 4-4 水泥土搅拌桩示意图

4.1.3.4 钻孔灌注桩围护结构

钻孔灌注桩围护墙是排桩式中应用最多的一种,在我国得到广泛的应用,多用于坑深7～15m的基坑工程。在我国北方土质较好地区已有 8～9m 的臂桩围护墙。

钻孔灌注桩一般采用机械成孔。明挖基坑中所用的成孔机械一般有螺旋钻机、钢丝绳冲击钻机和正反循环回转钻机。其中正反循环回转钻机,由于采用泥浆护壁成孔,故成孔时噪声小,适于城区施工,在地下铁道基坑和高层建筑深基坑施工中得到了广泛应用。螺旋钻机分为长螺旋钻机和短螺旋钻机两种,由于地质条件限制,长螺旋钻机应用较广。螺旋钻机一般只适合干作业钻进,经改进后,也可以实现钻孔压浆成桩。

4.1.4 地下连续墙

地下连续墙是区别于传统施工方法的一种较为先进的地下工程结构形式和施工工艺。它是指在地面上用特殊的挖槽设备,沿着深开挖工程的周边(例如地下结构物的边墙),在泥浆护壁的情况下，开挖出一条狭长的深槽，在槽内放置钢筋笼并浇灌水下混凝土，筑成一段钢筋混凝土墙，然后将若干墙段连接成整体，形成一条连续的地下墙体。地下连续墙在欧美国家称之为“混凝土地下墙”或“泥浆墙”，在日本则称之为“地下连续壁”。

除现场浇筑的地下连续墙外，我国还进行了预制装配式地下连续墙和预应力地下连续墙的研究和试用。预制装配式地下连续墙墙面光滑，由于配筋合理可使墙的厚度减薄并加快施工速度。而预应力地下连续墙则可提高围护墙的刚度达30%以上，可减薄墙厚度，减少内支撑数量。由于曲线布筋张拉后产生反拱作用，可减少围护结构变形，消除裂缝，从而提高抗渗性。这两种方法已经在工程施工中试用，并取得较好的社会效益和经济效益。

4.1.4.1 地下连续墙的分类

虽然地下连续墙已经有50多年的历史，但是对它进行严格分类仍是很难的。

(1)按成墙方式可分为桩排式、壁板式、桩壁组合式。

(2)按墙的用途可分为防渗墙、临时挡土墙、永久挡土(承重)墙、作为基础用的地下连续墙。

(3)按墙体材料可分为钢筋混凝土墙、塑性混凝土墙、固化灰浆墙、自硬泥浆墙、预制墙、泥浆槽墙(回填砾石、黏土和水泥三合土)、后张预应力地下连续墙、钢制地下连续墙。

(4)按开挖情况可分为地下连续墙(开挖)、地下防渗墙(不开挖)。

(5)按挖槽方式大致可分为抓斗式、冲击式和回转式。

(6)按施工方法可分为现浇式、预制板式及二者组合成墙等。

所谓桩排式地下连续墙，实际上就是将钻孔灌注桩并排连接所形成的地下墙，它可归类于钻孔灌注桩。

目前，我国建筑工程中应用最多的还是现浇钢筋混凝土壁板式连续墙。

4.1.4.2 地下连续墙的优缺点

地下连续墙之所以能得到广泛的应用，是因为它具有两大突出优点：一是对邻近建筑物和地下管线的影响较小；二是施工时无噪声、无振动，属于低公害的施工方法。例如有的新建或扩建地下工程四周邻街或与现有建筑物紧密连接；有的工程由于地基比较松软，打桩会影响邻近建筑物的安全和产生噪声；还有的工程由于受环境条件的限制或由于水文地质和工程地质的复杂性，很难设置井点排水等。在这些场地，采用地下连续墙支护具有明显优越性。

1. 地下连续墙的优点

地下连续墙施工工艺与其他施工方法相比，优点如下。

(1)适用于各地多种土质情况。目前在我国除岩溶地区和承压水头很高的砂砾层难以采用外，在其他各种土质中皆可应用地下连续墙技术。在一些复杂的条件下，它几乎成为唯一可采用的有效的施工方法。

(2)施工时振动小、噪声小，有利于城市建设中的环境保护。

(3)能在建筑物、构筑物密集地区施工。由于地下连续墙的刚度大，能承受较大的侧向压力，在基坑开挖时，变形小，周围地面的沉降少，因而不会影响或较少影响周围邻近的建筑物或构筑物。国外在距离已有建筑物基础几厘米处就可进行地下连续墙施工。我国的实践也已证明，距离现有建筑物基础1m左右就可以顺利进行施工。

(4)能兼做临时设施和永久的地下主体结构。由于地下连续墙具有强度高、刚度大的特点，不仅能用于深基础护壁的临时支护结构，而且在采取一定结构构造措施后可用作地面高层建筑基础或地下工程的部分结构。一定条件下可大幅度减少工程总造价，获得经济效益。

(5)可结合“逆作法”施工，缩短施工总工期。一种称为“逆作法”的新颖施工方法，是指在地下室顶板完成后，同时进行多层地下室和地面高层房屋的施工。这一方法一改传统施工方法先地下后地上的施工步骤，大大压缩了施工工期。然而，“逆作法”施工通常要采用地下连续墙的施工工艺和施工技术。

2. 地下连续墙的缺点

当然，地下连续墙施工方法也有一定的局限性和缺点。

(1)对于岩溶地区承压水头很高的砂砾层或很软的黏土(尤其当地下水位很高时)，如不采用其他辅助措施，目前尚难以采用地下连续墙工法。

(2)如施工现场组织管理不善，可能会造成现场潮湿和泥泞，影响施工条件，而且需要增加对废弃泥浆的处理工作。

(3)如施工不当或土层条件特殊，容易出现不规则超挖和槽壁坍塌。

(4)现浇地下连续墙的墙面通常较粗糙，如果对墙面要求较高，则会增加墙面的平整处理工期和造价。

(5)地下连续墙如仅用作施工期间的临时挡土结构，在基坑工程完成后就失去其使用价值，所以当基坑开挖不深时，则不如采用其他方法经济。

(6)需有一定数量的专用施工机具和具有一定技术水平的专业施工队伍。这一局限性条件使该项技术推广受到一定限制。

4.1.4.3　地下连续墙施工挖槽机械

地下连续墙施工挖槽机械是在地面操作，穿过泥浆向地下深处开挖一条预定断面槽深的工程机械。由于地质条件不同，断面深度不同，技术要求不同，应根据不同要求选择合适的挖槽机械。

用于地下连续墙成槽施工的机械有三大类：挖斗式、冲击式和回转式。挖斗式分为蚌式抓斗和铲斗式，其中最常用的蚌式抓斗又有吊索式和导杆式两种类型；冲击式分为钻头冲击式和凿刨式；回转式有单头钻和多头钻(亦称为垂直轴型回转式成槽机)两种类型。目前，我国在地下连续墙施工中常用的是吊索式蚌式抓斗、导杆式蚌式抓斗、多头钻和冲击式挖槽机。

1. 挖斗式挖槽机

挖斗式挖槽机是一种最简单的挖槽机械，以其斗齿切削土体，切削下的土体集中在挖斗内，从沟槽内提出地面开斗卸土，然后又返回沟槽内挖土。我国已拥有近百台(多数为进口设备)应用最广的蚌式抓斗是地下连续墙成槽的主力设备。图4-5所示为蚌式抓斗的外形。

为了提高抓斗的切土能力，蚌式抓斗一般都要加大斗的质量，并在抓斗的两个侧面安装导向板，以提高挖槽的垂直精度。蚌式抓斗斗体上下和开闭，可采用钢索操纵，也可采用液压控制。

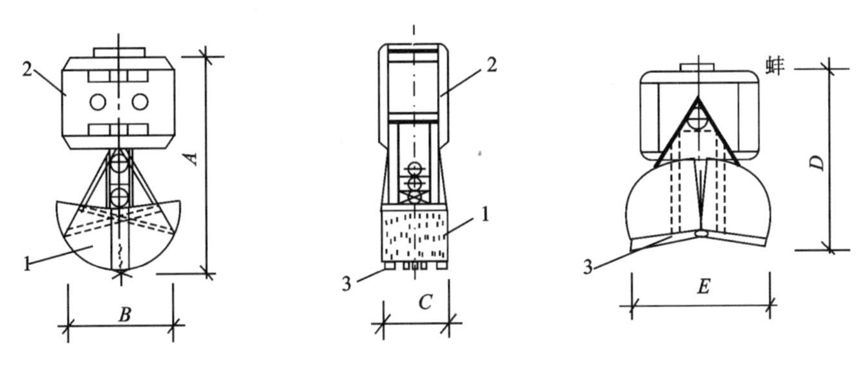

图 4-5 蚌式抓斗的外形示意图

1—斗体;2—导板;3—斗齿

这类挖槽机械适用于较松软的土质。当土壤的 N 值超过 30,则挖掘效率会急剧下降,N 值超过 50 即难以挖掘。对于较硬的土层宜用钻抓法,即预钻导孔,抓斗沿导孔下挖,挖土时不需靠斗体自重切入土体,只需闭斗挖掘即可。由于这种机械每挖一斗都需要提出地面卸土,为提高效率,施工深度不能太深,国内外一般以不超过 50m 为宜。为完成钻进、抓取操作,一般将导板抓斗与导向钻机组合成钻抓式成槽机进行挖掘。施工时先用潜水电钻根据抓斗的开斗宽度钻两个导孔,孔径与墙厚度相同,然后用抓斗抓取两个导孔间的土体,如图 4-6 所示。

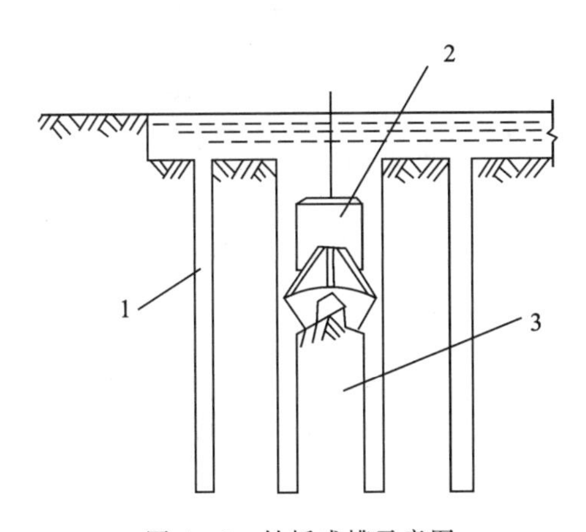

图 4-6 钻抓成槽示意图

1—导管;2—钻抓式成槽机;3—导孔间土

2. 冲击式挖槽机

冲击式挖槽机包括钻头冲击式和凿刨式两类。冲击钻机是依靠钻头的冲击力破碎地基土,所以不但对一般土层适用,对卵石、砾石,岩层等地层亦适用。它以上下运动的重力作用保持成孔垂直度。正循环方式不宜用于断面大的挖槽施工。

凿刨式挖槽机是靠凿刨沿导杆上下运动以破碎土层,破碎的土碴由泥浆携带并由导杆下端吸入经导杆排出槽外。此种机械至今我国尚未使用过。

冲击式挖槽机的排土方式可采用正循环或反循环，正循环方式的排土能力与泥浆流速成正比，而泥浆流速又与槽段截面大小成反比，故不宜用于断面较大的挖槽施工。同时，此法使用过程中产生的土碴易混入泥浆中，使泥浆比重增大。泥浆反循环排碴时，泥浆的上升速度快，可以把较大块的土碴携出，而且土碴亦不会堆积在挖槽工作面上。泥浆反循环时，土碴排出量和土碴的最大直径取决于排浆管的直径。但是，当挖槽断面较小时，泥浆向下流动较快，作用在槽壁上的泥浆压力较泥浆正循环方式小，会减弱泥浆的护壁作用。图 4－7 是 ISOS 冲击钻机的示意图。

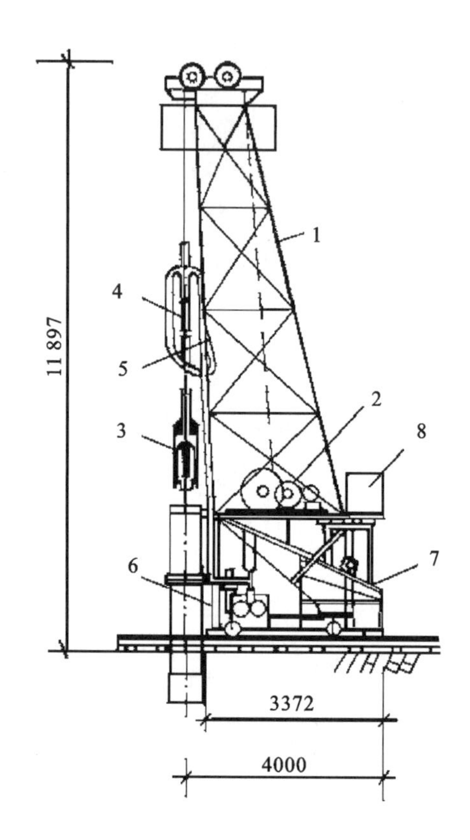

图 4－7　ISOS 冲击钻机示意图

1—机架；2—卷扬机；3—钻头；4—钻杆；5—中间输浆管；
6—泥浆循环泵；7—振动筛；8—泥浆搅拌机

在我国，冲击式钻机用于地下连续墙施工已有 46 年历史了，其优点是对地层的适应性强，缺点是效率低。针对其缺点，中国水利水电基础工程局率先研制出 CZF 系列的冲击反循环钻机，既保持了其优点，又使其效率比老式冲击钻机提高 1～3 倍。这种钻机特别适用于深厚漂石、孤石等复杂地层施工，在此类地层中其施工成本远低于抓斗和液压铣槽机，具有不可替代的作用。冲击反循环钻机成墙深度最大达 101m（四川冶勒水电站），在长江三峡和润扬长江大桥等嵌岩地下连续墙工程中也发挥了重要作用。

4.2 基坑施工工艺及流程

基坑施工流程为：确定施工方案→测量放线→施作基坑围护结构→土层分段、分层开挖→设立支撑体系→施作锚杆→挂网喷混凝土→结构施工。

4.2.1 钻孔灌注桩施工流程

钻孔灌注桩施工流程为：钻孔至孔底→边压浆边提升钻杆→吊放钢筋笼→灌注混凝土→形成钢筋混凝土桩。

钻孔混凝土配制应满足下列要求：①混凝土应按设计配合比配制；②混凝土坍落度为水下18～22cm，干作业12～18cm；③基坑开挖后桩身无蜂窝、麻面、断桩及夹泥等不良现象。

混凝土灌注分干孔灌注和水下灌注两种。

(1)干孔灌注时，一般直接由孔口倾倒，由于桩身较长，依靠混凝土自身的质量就可以将其振实。

(2)水下灌注时，通常采用导管灌注。为方便混凝土灌注，导管顶部应设置一个漏斗。第一次灌注混凝土时，导管应事先在地面组装好，经检查合格后再吊入桩孔，并将导管底部安装隔水塞，但不能妨碍混凝土顺利排出。导管底距桩孔底高度不宜超过500mm。

在灌注混凝土过程中，导管应保持埋入混凝土内2～3m，并严格控制导管拆卸时间，一般不超过15min，要连续进行混凝土灌注。在灌注混凝土的同时，应测量混凝土的上升高度，以便能及时提升和拆除导管。

需要注意的是：桩间缝隙易造成水土流失，特别是在高水位软黏土质地区，需根据工程条件采取注浆、水泥搅拌桩、旋喷桩等施工措施以解决挡水问题；适用于软黏土质地区和砂土地区，但是在砂砾层和卵石中施工困难，应该慎用；桩与桩之间主要通过桩顶冠梁和围檩连成整体，因而相对整体性较差，在重要地区的特殊工程及开挖深度很大的基坑中应用时需要特别慎重。

4.2.2 地下连续墙施工工艺及流程

地下连续墙施工工艺流程如图4-8所示。

4.2.2.1 筑导墙

在地下连续墙成槽前，应先浇筑导墙及施工便道。导墙的作用不容忽视：可以作为地下墙成槽的导向标准，即导向作用；在成槽施工中稳定泥浆液位，以维护槽壁稳定；维持表面土层的稳定，防止槽口塌方；支撑面槽等施工机械设备荷载；可以作为测量基准线。因此，导墙的制作必须做到精心施工，导墙的质量好坏直接影响到地下连续墙的轴线和标高。常用导墙的断面：①“L”形[图4-9(a)]，多用于土质较差的土层；②倒“L”形[图4-9(b)]，多用在土质较好的土层，开挖后略作修正即可将土体做成侧模板，再立另一侧模板浇混凝土；③“[”

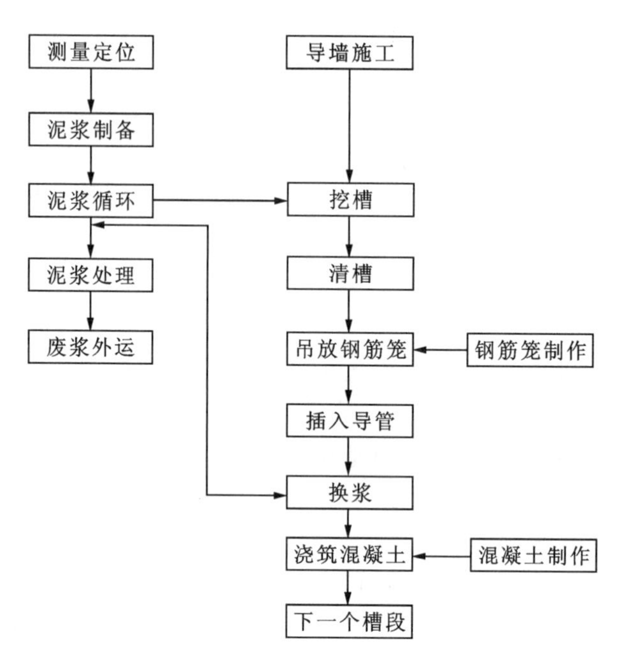

图 4-8 地下连续墙的施工工艺流程图

形[图 4-9(c)],多用在土质差的土层,先开挖导墙基坑,后在两侧立模,待导墙混凝土达到一定强度时,拆去模板,选用黏性土回填并分层夯实。

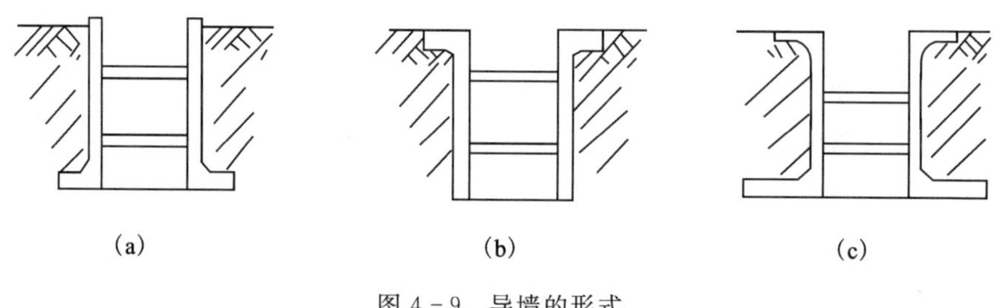

图 4-9 导墙的形式

(a)"L"形;(b)倒"L"形;(c)"["形

宜采用钢筋混凝土材料构筑导墙,混凝土等级不宜低于 C20,并应按规定搭接内设钢筋。导墙的平面轴线应与地下连续墙轴线平行,两导墙的内侧间距宜比地下连续墙体厚度大 40～60mm。导墙施工还应符合下列要求:①导墙要求分段施工时,段落划分应与地下连续墙划分的节段错开;②安装预制导墙块时,必须按照设计施工,保证连接处质量,防止渗漏;③混凝土导墙在浇筑及养护时,重型机械、车辆不得在附近作业、行驶。

4.2.2.2 泥浆护壁

1. 泥浆作用

护壁泥浆的制备与管理是地下连续墙施工中的关键工序之一。泥浆的作用如下。

(1)护壁作用。泥浆具有一定的密度,当槽内泥浆液面高出地下水位一定高度时,泥浆在槽内就对槽壁产生一定的侧压力,相当于一种液体支撑,可以防止槽壁倒塌和剥落,并防止地下水渗入。另外,泥浆在槽壁上会形成一层透水性很低的泥皮,能防止槽壁剥落,还可以降低槽壁的透水性。

(2)携碴作用。泥浆具有一定的黏度,它能将钻头式挖槽机挖槽时挖下来的土碴悬浮起来,便于土碴随同泥浆一同排出槽外。

(3)冷却和润滑作用。泥浆可降低钻具连续冲击或回转而引起的温度,又具有润滑作用,从而降低了钻具的磨损程度。

泥浆是挖槽过程中保证不塌壁的重要因素。泥浆必须具备物理的稳定性、化学的稳定性、适当的密度、适当的流动性和良好的泥皮形成性。

泥浆密度取决于泥浆设计配合比中的固体(膨润土)物质的含量。密度大的泥浆对槽壁面的稳定有利,但密度较小的泥浆施工性好,具有易于泵吸泵送、管道输送压力损失小、携带土砂能力大、土碴易于在机械分离装置内分离等优势。密度较小的泥浆用土量也少,能节约膨润土原料的用量。我国采用膨润土拌制的泥浆的密度通常为 1.03～1.045t/m^3。

控制泥浆的失水量和使泥浆具有产生良好的泥皮的性质,是泥浆护壁作用的重要因素。通常对于新制泥浆要求失水量在 10mL/30min 以下,要求泥皮致密坚韧,厚度不大于 1mm。对循环使用中的泥浆,由于受土砂颗粒的混入土及地下水中的钙离子等污染,性能会渐渐恶化,但要求失水量控制在 20mL/30min 以内及泥皮厚度在 2mm 以下。

此外,还需检验泥浆本身的悬液结构和稳定性指标。泥浆在长期静置后不应产生清水离析,新浆不应该有制浆固体材料的沉淀。对新浆要求稳定性为 100%,对使用中的循环泥浆没有明确的稳定性指标要求,但稳定性差的泥浆在槽内易产生沉碴,携碴能力也比较差。可采用含砂量测定器测定含砂量。

2. 外加剂类型

常采用的外加剂有以下几种。

(1)分散剂(FCL)。或硝基腐殖酸钠。能降低黏度,提高泥浆抗絮凝化能力,促使泥浆中砂土沉淀,降低泥浆密度。

(2)增黏剂。羟甲基纤维素(CMC)或聚丙烯酰胺。由于水分子的作用,使泥皮质密而坚韧,同时 CMC 溶于水中能增加泥浆黏度,促使泥浆失水量下降。

(3)其他。防漏剂(锯末、石粉等),防止泥浆在地基中的漏失;加重剂(重晶石粉、铁砂等),加重泥浆密度。

地下连续墙挖槽护壁用的泥浆除通常使用的膨润土泥浆外,还有聚合物泥浆、CMC 泥浆及盐水泥浆。泥浆性能应根据地质条件和施工机械等不同而有差异,通常应以做实验的方式确定配合比,以满足工程的需要。

4.2.2.3　挖槽

开挖槽段是地下连续墙施工中的重要环节,挖槽精度又决定了墙体制作精度。所以,挖槽是决定施工进度和质量的关键工序。

地下连续墙通常是分段施工的,每一段称为一个槽段,一个槽段是一次混凝土浇筑单位。单元槽段的长度可采用4～8m。

成槽过程中特殊情况处理措施如下。

(1)在成槽过程中,若遇到缓慢漏浆现象(浆液用量与出碴量不一致,或发现浆液液面缓缓下降),则应往槽内倒入适量木屑、锯末或黏土球等填漏物,进行搅动,直至漏浆停止。同时足量补充泥浆,以免浆液液面过低,导致塌孔。

(2)在成槽过程中,若遇到严重漏浆的情况时(浆液液面下降过快,浆液补充不及时),先采取投放填漏材料的措施,如无效则分析原因,并采取处理措施,再进行成槽工程的施工。

(3)若遇特严重漏浆、槽壁坍塌、地表塌陷等情况,则立即停止施工,向槽内回填优质黏土,并对槽段及周围进行注浆加固处理,待土层稳定后,再行施工。

(4)无论遇到哪种突发情况,都必须立即将挖槽机械从槽内提出,以免造成塌方埋斗的严重事故。

4.2.2.4 钢筋笼的加工与吊放

根据地下连续墙墙体配筋和单元槽段的划分来制作钢筋笼,按单元槽段做成整体。若地下连续墙很深,或受起吊设备能力的限制,则须分段制作,在吊放时再连接,且接头宜用绑条焊接。对于质量大的钢筋笼起吊部位采用加焊钢筋的办法进行加固。为防止钢筋笼变形,设置加劲撑。

钢筋笼端部与接头管或混凝土接头面之间应有150～200mm的空隙。主筋保护层厚度为70～80mm,保护层垫块厚50mm,一般用薄钢板制作垫块,焊于钢筋笼上。制作钢筋笼时要预先确定浇筑混凝土用导管的位置,由于这部分空间要求上下贯通,周围须增设箍筋和连接筋加固。为避免横向钢筋阻碍导管插入,可将纵向主筋放在内侧,横向钢筋放在外侧。纵向钢筋的底端距离槽底面100～200mm。纵向钢筋底端应稍向内弯折,防止吊放钢筋笼时擦伤槽壁。

为保证钢筋笼的强度,每个钢筋笼必须设置一定数量的纵向桁架。桁架的位置要避开浇筑混凝土时下导管的位置,桁架与横向筋之间必须保证100%点焊,对于加劲撑与纵、横向钢筋相交点也应100%点焊,其余纵、横向钢筋交叉点焊不少于50%。

钢筋笼加工场地尽量设置在工地现场,以便于运输,减少钢筋笼在运输中的变形或损坏的可能性。对钢筋笼的起吊、运输和吊放应制定周密的施工方案,不允许产生不能恢复的变形。钢筋笼的起吊应用横吊梁或吊梁。在选择吊点布置和起吊方式时要注意防止起吊时引起钢筋笼变形。起吊时不能使钢筋笼下端在地面拖引,造成下端钢筋弯曲变形,同时防止钢筋笼在空中摆动。

插入钢筋笼时,要使钢筋笼对准单元槽段的中心,垂直而又准确地插入槽内。钢筋笼进入槽内时,吊点中心必须对准槽段中心缓慢下降,要注意防止因起重臂摇动或因风力而使钢筋笼横向摆动,造成槽壁坍塌。

钢筋笼插入槽内后,检查顶端高度是否符合设计要求,然后将钢筋笼搁置在导墙上。如钢筋笼是分段制作,吊放时须连接,下段钢筋笼要垂直悬挂在导墙上,将上段钢筋笼垂直吊起,以让上、下两段钢筋笼呈直线连接。

如果钢筋笼不能顺利插入槽内，应重新吊出，查明原因。若需要，则在修槽后再吊放，不能强行插放，否则会引起钢筋笼变形或使槽壁坍塌，产生大量沉碴。

4.2.2.5　水下混凝土的浇筑

在成槽工作结束后，根据设计要求安设墙段接头构件，或在对已浇好的墙段的端部结合面进行清理后，应尽快进行墙段钢筋混凝土的浇筑。

浇筑混凝土之前，要进行清底工作。一般有沉淀法和置换法两种。沉淀法是在土碴基本都沉淀到槽底之后再清底；置换法是在挖槽结束之后，对槽底进行认真清理，在土碴还没有沉淀之前用新泥浆把槽内的泥浆置换出来，使槽内泥浆的密度在 1.15g/cm^3 以下。我国多采用置换法。清槽结束 1h 后，以测定槽底沉淀物淤积厚度不大于 20cm，槽底 20cm 处的泥浆相对密度不大于 1.2 为合格。

为保证地下连续墙的整体性，划分单元槽段时必须考虑槽段之间的接头位置。一般接头应避免设在转角处以及墙内部结构的连接处。接头构造可分为接头管接头和接头箱接头。接头管接头是地下连续墙最常用的一种接头，槽段挖好后在槽段两端吊入接头管。接头箱接头使地下连续墙形成更好的整体，接头处刚度较好。接头箱与接头管施工相似，可以接头箱代替接头管，单元槽开挖后，吊接头箱，再吊钢筋笼。

地下连续墙混凝土是用导管在泥浆中灌注的。导管的数量与槽段长度有关，槽段长度小于 4m 时，可使用 1 根导管；大于 4m 时，应使用 2 根或 2 根以上导管。导管内径约为粗骨料粒径的 8 倍左右，不得小于粗骨料粒径 4 倍。导管间距根据导管直径决定，使用 150mm 导管时，间距为 2m；使用 200mm 导管时，间距为 3m。导管应尽量靠近接头。

在混凝土浇筑过程中，导管下口插入混凝土深度不宜过深或过浅。插入深度太深，容易使下部沉积过多的粗骨料，导致混凝土面层聚积较多的砂浆。导管插入太浅，则泥浆容易混入混凝土，影响混凝土的强度。该深度不得小于 1.5m，也不宜大于 6m，一般应控制在 2～4m。只有当混凝土浇灌到地下连续墙墙顶附近，导管内混凝土不易流出时，方可将导管的埋入深度减为 1m 左右，并可将导管适当地上下运动，促使混凝土流出导管。

施工过程中，混凝土要连续灌注，不能长时间中断。一般可允许中断 5～10min，最长 20～30min，以保持混凝土的均匀性。混凝土搅拌好之后，以 1.5h 内灌注完毕为原则。夏天因混凝土凝结较快，必须在搅拌好之后 1h 内浇完，否则应掺入适当的缓凝剂。

在灌注过程中，要经常量测混凝土灌注量和上升高度。量测混凝土上升高度可用测锤。因混凝土上升面一般都不水平，应在 3 个以上位置量测。浇筑完成后的地下连续墙墙顶存在浮浆层，混凝土顶面需比设计标高超出 0.5m 以上。只有这样，在凿去浮浆层后，地下连续墙墙顶才能与主体结构或支撑连成整体。

5　地下建筑工程施工监测生产实习

5.1　隧道工程施工监测

监控量测作为新奥法的三大支柱之一,就是要及时为设计和施工提供信息依据,没有量测数据,设计和施工不得不带有一定的盲目性。地下工程监控量测涉及对象包括大型地下硐室、公路铁路隧道、水工隧洞及城市地铁等。本节主要介绍公路隧道的监测内容,其他地下工程的监控量测可以此为借鉴,参考对应规范、规定并结合施工对象的实际进行。

对采用复合式衬砌的公路隧道,必须将现场监控量测项目列入施工组织设计,并在施工中认真实施。量测计划应根据隧道的围岩条件、支护类型和参数、施工方法以及所确定的量测目的进行编制。同时应考虑量测费用的经济性,并注意与施工的进程相适应。

5.1.1　施工监测目的

现场量测的目的归纳如下。

(1)掌握围岩、支护体变形、受力情况:选择合理支护时机,判断支护实际效果。

(2)检验已施作开挖、支护工况:根据变形、应力状况,调整设计或施工方法。

(3)检验、评价隧道最终稳定性,作为安全使用依据。

(4)积累资料,为以后隧洞设计施工提供依据。

5.1.2　施工监测原理

(1)机械法测试原理:传感器 + 数据传输(杆件)+ 数据显示(仪表)。

(2)非电量电测法原理:传感器(非电量转化)+ 数据传输(电导线)+ 转化器(放大、衰减)+ 显示处理(微机、软件)。

5.1.3　监控量测的主要内容

5.1.3.1　量测项目及断面、测点布置

1. 量测内容

复合式衬砌的隧道应按表 5-1 选择量测项目。根据《公路隧道施工技术规范》(JTG/T 3660—2020)规定,表中的 1～5 项为必测项目,6～17 项为选测项目,可根据围岩条件、地表沉降要求等确定。

表 5-1 隧道现场监控量测项目及量测方法

序号	项目名称	方法及工具	测点布置	精度	量测间隔时间			
					1～15 天	16 天～1 个月	1～3 个月	大于 3 个月
1	洞内、外观察	现场观测、地质罗盘等	开挖及初期支护后进行	——	——			
2	周边位移	各种类型收敛计、全站仪或其他非接触量测仪器	每 5～100m 一个断面，每段面 2～3 对测点	0.5mm（预留变形量不大于 30mm 时）； 1mm（预留变形量大于 30mm 时）	1～2 次/天	1 次/2 天	1～2 次/周	1～3 次/月
3	拱顶下沉	水准仪、铟钢尺、全站仪或其他非接触量测仪器	每 5～100m 一个断面		1～2 次/天	1 次/2 天	1～2 次/周	1～3 次/月
4	地表下沉	水准仪、铟钢尺、全站仪	洞口段、浅埋段（$h \leqslant 2.5b$），布置不少于 2 个断面，每断面不少于 3 个测点	0.5mm	开挖面距量测断面前后小于 2.6B 时，1～2 次/天； 开挖面距量测断面前后小于 5B 时，1 次/2～3 天； 开挖面距量测断面前后大于或等于 5B 时，1 次/3～7 天			
5	拱脚下沉	水准仪、铟钢尺、全站仪	富水软弱破碎围岩、流沙、软岩大变形、含水黄土、膨胀岩土等不良地质和特殊性岩土段	0.5mm	仰拱施工前，1～2 次/天			
6	钢架内力及外力	支柱压力计或其他测力计	每代表性地段 1～2 个断面，每断面钢架内力 3～7 个测点，或外力 1 对测力计	0.1MPa	1～2 次/天	1 次/2 天	1～2 次/周	1～3 次/月
7	围岩内部位移（洞内设点）	洞内钻孔中安设单点、多点杆式或钢丝式位移计	每代表性地段 1～2 个断面，每断面 3～7 个钻孔	0.1mm	1～2 次/天	1 次/2 天	1～2 次/周	1～3 次/月
8	围岩内部位移（地表设点）	地面钻孔中安设各类位移计	每代表性地段 1～2 个断面，每断面 3～5 个钻孔	0.1mm	同地表下沉要求			
9	围岩压力	各种类型岩土压力盒	每代表性地段 1～2 个断面，每断面 3～7 个测点	0.01MPa	1～2 次/天	1 次/2 天	1～2 次/周	1～3 次/月
10	两层支护间压力	压力盒	每代表性地段 1～2 个断面，每断面 3～7 个测点	0.01MPa	1～2 次/天	1 次/2 天	1～2 次/周	1～3 次/月
11	锚杆轴力	钢筋计、锚杆测力计	每代表性地段 1～2 个断面，每断面 3～7 锚杆（索），每根锚杆 2～4个测点	0.01MPa	1～2 次/天	1 次/2 天	1～2 次/周	1～3 次/月

续表 5-1

序号	项目名称	方法及工具	测点布置	精度	量测间隔时间			
					1～15 天	16 天～1 个月	1～3 个月	大于 3 个月
12	支护、衬砌内应力	各类混凝土内应变计及表面应力解除法	每代表性地段 1～2 个断面,每断面 3～7 个测点	0.01MPa	1～2 次/天	1 次/2 天	1～2 次/周	1～3 次/月
13	围岩弹性波速度	各种声波仪及配套探头	在有代表性地段设置	——	——			
14	爆破振动	测振及配套传感器	邻近建筑(构)物	——	随爆破进行			
15	渗水压力、水流量	渗压计、流量计	——	0.01MPa	——			
16	地表下沉	水准测量的方法,水准仪、铟钢尺等	有特殊要求段落	0.5mm	开挖面距量测断面前后小于 2.6*B* 时,1～2 次/天; 开挖面距量测断面前后小于 5*B* 时,1 次/2～3 天; 开挖面距量测断面前后大于 5*B* 时,1 次/3～7 天			
17	地表水平位移	经纬仪、全站仪	有可能发生滑移的洞口段高边坡	0.5mm	——			

注:*B* 为隧道开挖宽度。

针对量测项目进行监控量测时,应注意遵循以下原则。

(1)爆破开挖后应立即进行工程地质与水文地质状况观察和记录,并进行地质描述。在地质变化处和重要地段,应有照片记载。初期支护完成后应进行喷层表面的观察和记录,并进行裂缝描述。

(2)隧道开挖后应及时进行围岩、初期支护的周边位移量测、拱顶下沉量测;安设锚杆后,应进行锚杆抗拔力试验。当围岩差、段面大或地表沉降控制严时宜进行围岩体内位移量测和其他量测。对位于Ⅳ～Ⅵ级围岩中且覆盖层厚度小于 40m 的隧道,应进行地表沉降量测。

(3)量测部位和测点布置,应根据地质条件、量测项目和施工方法等确定。

(4)测点应在距开挖面 2m 的范围内尽快安设,并应保证爆破后 24h 内或下一次爆破前测读初次读数。

(5)测点的测试频率应根据围岩和支护的位移速度及离开挖面的距离确定。

(6)现场量测手段,应根据量测项目及国内量测仪器的现状来选用。一般应尽量选择简单可靠、耐久、成本低、稳定性能好,被测量的物理概念明确,有足够大的量程,便于进行分析和反馈的测试仪具。

2. 测试断面布置

1)单项测试断面

单项测试断面是指把量测单项内容布设在同一个测试断面,了解围岩和支护在该断面的动态变化情况。

2)综合多项目测试断面

综合多项目测试断面是指把多项量测内容组合布设在同一个测试断面，使各项量测结果、各种量测手段互相校验、相互印证，对该断面的动态变化进行综合的数值分析和理论解析，做出更为接近工程实际的判断，以此来修正支护参数和指导施工。

隧道工程现场量测的上述两种测试断面，一般均沿隧道纵向间隔布设。由于各量测项目的要求不同，其测试断面的间距亦不相同。

隧道工程测试断面的间距，有以下 3 种情况。

(1)隧道洞顶地表下沉量与隧道埋深关系很大，其测试断面间距可参照表 5-2，其中 B 为隧道开挖宽度。

表 5-2　地表下沉测试断面间距

埋深 H 与硐室跨度 B 的关系	$H>2B$	$2B>H>B$	$H<B$
断面间距/m	20～50	10～20	5～10

(2)拱顶下沉、周边位移量测。测点一般应布设在同一断面，其测试断面间距与隧道长度、围岩条件、施工方法等多种因素有关，一般洞口段、软岩间距较小，硬岩间距较大，实际实施中可参考相关规范规定灵活掌握。

(3)其他量测项目。一般都可布设在综合测试断面上(常称为代表性测试断面)。在一般围岩条件下，可间隔 200～500m 设一个断面。

测试断面应安设在距开挖工作面 2m 的范围内，实际工程中有的已安设在距开挖工作面仅 1m 的范围内，其观察与量测效果更佳(但注意加强保护仪器和测点)。对于量测断面间距，依据不同工程对象，相关规范有明确规定，可参照执行。

3. 净空位移量测的测线布置

由于观测断面形状、围岩条件、开挖方式的不同，测线位置、数量亦有所不同，没有统一的规定，具体实施中可参考表 5-3 和图 5-1。

拱顶下沉量测的测点，一般可与净空位移测点共用，这样做既节省了安设工作量，更重要的是使测点统一在一起，测试结果能够互相校验。

表 5-3　净空位移量测的测线数

开挖方法	一般地段	特殊地段		
		洞口附近	埋深小于 $2B$	有膨胀压力或偏压地段
全断面开挖	1 条水平测线		3 条或 5 条	
短台阶法	2 条水平测线	3 条或 6 条	3 条或 6 条	3 条或 6 条
多台阶法	每台阶 1 条水平测线	每台阶 3 条	每台阶 3 条	每台阶 3 条

注：B 为隧道开挖宽度。

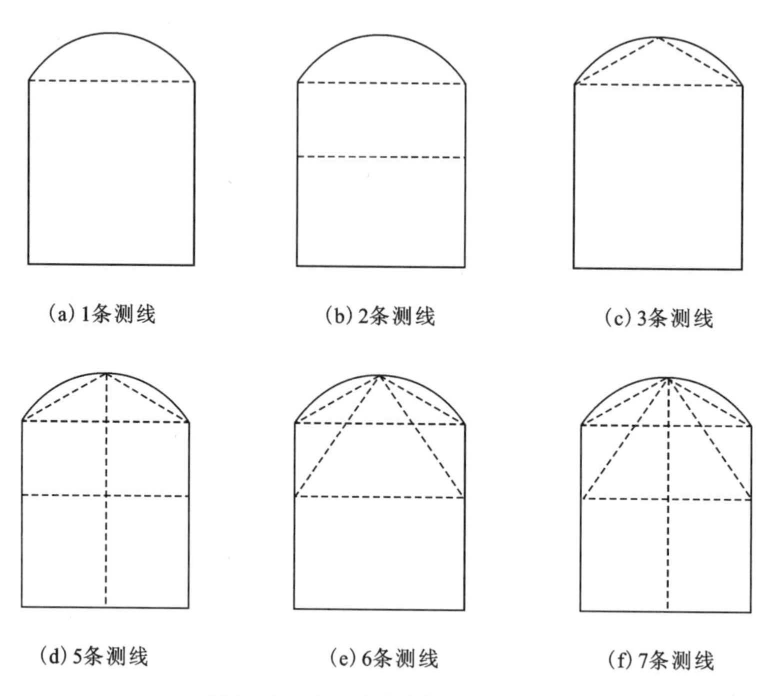

图 5-1　净空位移测线布置示意图

4. 围岩内部位移测孔的布置

测量围岩内部位移的位移计,通常布置在拱顶、边墙和拱脚部位。围岩内部位移测孔布置,除应考虑地质、隧道断面形状、开挖等因素外,一般应与净空位移测线相应布设,以便使两项测试结果能够相互印证,协同分析与应用。一般每 100～500m 设一个量测断面,测孔常见布置方式见图 5-2,也可依据实际情况将该图的(b)、(c)方式只进行单侧布置并变成特殊的三测孔形式和四测孔形式。

5. 锚杆轴力量测测孔布置

局部加强锚杆,要在加强区域内有代表性的位置布设量测锚杆。若为全断面布设系统锚杆(不包括仰拱),也可参见图 5-2 的方式在断面上布置锚杆轴力量测测孔。

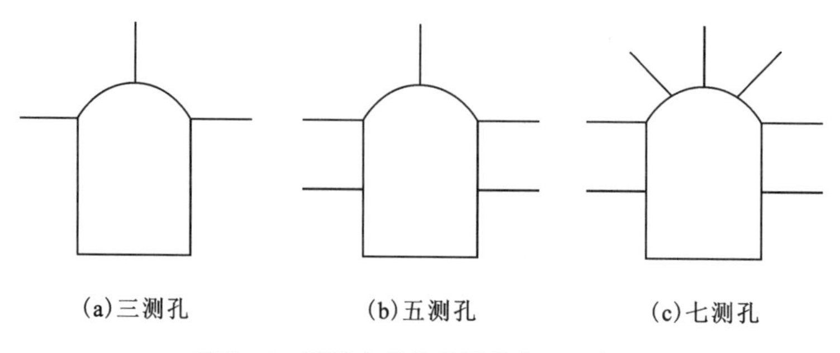

图 5-2　围岩内部位移测孔布置示意图

6. 喷层(衬砌)应力量测点布置

喷层应力量测，除应与锚杆受力量测孔相对应布设外，还要在有代表性的部位设置测点，以便了解喷层(衬砌)在整个断面上的受力状态和支护作用。测定具体布设形式见图 5-3。

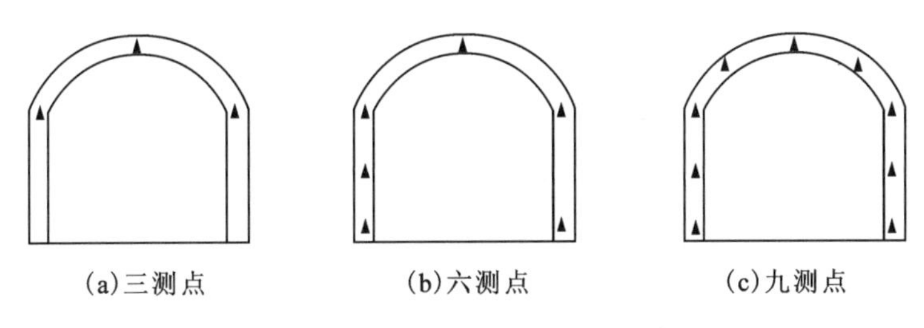

图 5-3 喷层应力量测点布置示意图

7. 格栅(钢架)应力量测布置

格栅(钢架)应力量测应选取具有代表性的断面进行，其测点设置在具有代表性的受力部位，可以和喷层应力量测的测点相对应布置，以便掌握格栅(钢架)和喷层在整个断面上的受力状态和支护作用。图 5-4 为一般情况下的测点布置。具体施工时，根据该工程的具体情况，对测点的数量和位置作相应调整。

8. 地表、地中沉降测点布置

原则上地表、地中沉降主要测点应布置在隧道中心线上，并在与隧道轴线正交平面的一定范围内布设必要的数量(图 5-5)，同时在有可能下沉的范围外设置不会下沉的固定测点。

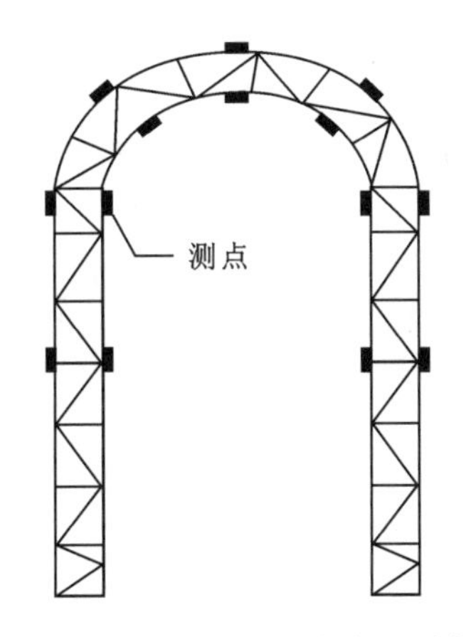

图 5-4 格栅(钢架)应力量测点布置示意图

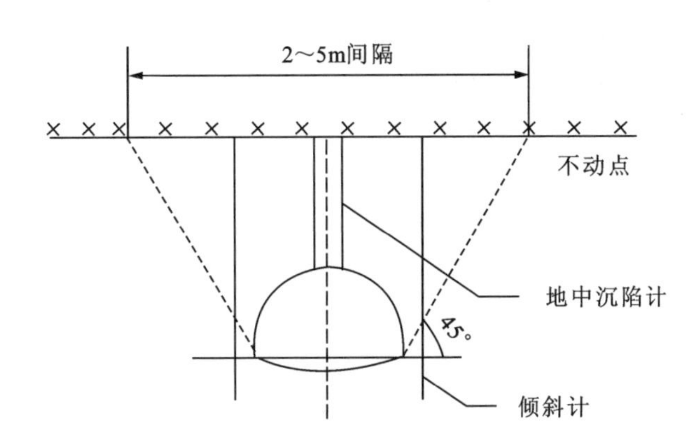

图 5-5 地表下沉量测范围及地中沉降测点布置示意图

9. 围岩压力量测测点布置

围岩压力量测的测点一般埋设在拱顶、拱脚和仰拱的中间，其量测断面一般和支护衬砌间压力以及支护、衬砌应力的测点布置在一个断面上，以便将量测结果相互印证。

5.1.3.2 主要量测项目的量测方法

1. 地质素描

与隧道施工进展同步进行的洞内围岩地质和支护状况的观察及描述,通常称为地质素描。它是隧道设计和施工过程中不可缺少的一项重要地质勘察工作,是围岩工程地质特性和支护措施合理性的最直观、最简单、最经济的描述和评价。

实践证明,隧道开挖工作面的工程地质与水文地质观察和描述,对于判断围岩稳定性和预测开挖面前方的地质条件是十分重要的;对开挖工作面(又称掌子面)附近初期支护状况的观察和裂缝描述,对于直接判断围岩的稳定性和支护参数的检验也是不可缺少的。因此,将该两项观察定为各类围岩都应采用的第一项必测项目。

2. 隧道拱顶下沉和地表下沉量测

由已知高程的临时或永久水准点(通常借用隧道高程控制点),用较高精度的水准仪,可观测出隧道拱顶或隧道上方地表各点的下沉量及其随时间的变化情况。也可用此法量测隧道底鼓,这个值是绝对位移值。也可以用收敛计测拱顶相对于隧道底的相对位移。

拱顶是隧道周边上的一个特殊点,一般其挠度最大,位移情况(绝大多数下沉、极少数抬高)具有较强的代表性。浅埋隧道洞顶地表下沉量测,应在隧道尚未开挖前就开始进行,借以获得开挖过程中的全部位移曲线。

3. 隧道周边相对位移量测

1)量测原理

硐室的开挖改变了岩体的初始应力状态,由于应力重新分布和洞壁应力释放的结果,使围岩产生了变形,洞壁有了不同程度的向内净空位移。为了控制围岩的动态,进行位移量测是必要的。对隧道周边位移的量测是最直接、最直观、最有意义、最经济和最常用的量测项目。为方便量测,除对拱顶、地表下沉及底鼓可以量测绝对位移值外,对坑道周边其他各点,一般均用收敛计量测其中两点之间的相对位移值来反映围岩位移动态。

位移量测数据包括位移量和位移速率,用来判定围岩与支护结构体的稳定性,为修正设计提供依据,指导施工。

2)位移常用量测工具

图 5-6 为现在常用的位移量测工具——数显收敛计,具有携带方便、经济、视窗读数方便准确、量测精度高的特点。量测长度一般为 0.5~30m,精度可达 0.01mm。

净空相对位移量按式(5-1)计算

$$u_n = R_n - R_0 \tag{5-1}$$

式中:u_n——第 n 次量测时的净空相对位移值;

R_n——第 n 次量测时的净空位移观测值;

R_0——初始净空位移观测值。

当测尺为普通钢尺时,还要消除温度的影响,尤其当硐室净空大(测线长)且温度变化大时,应进行温度修正,其计算式为

$$u_n = R_n - R_0 - aL(t_n - t_0) \tag{5-2}$$

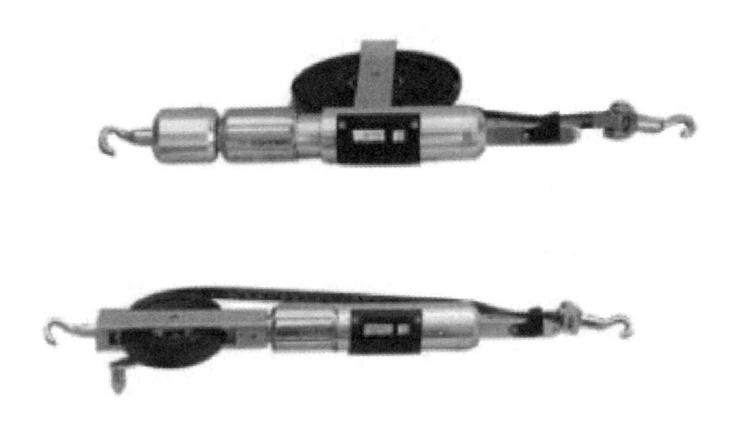

图 5－6　数显收敛计

式中：L——量测基线长；

a——钢尺的线膨胀系数(一般取 $a=12\times10^{-6}/℃$)；

t_n——第 n 次量测时的温度；

t_0——初始量测时的温度。其他符号同式(5－1)。

当需要位移速率值时，用净空相对位移值除以量测间隔时间即可。

4. 位移计测围岩内部位移

围岩内部各点的位移同坑道周边位移一样是围岩动态表现。它不仅反映了围岩内部的松弛程度，而且更能反映围岩松弛范围的大小，这也是判断围岩稳定性的一个重要参考指标。在实际量测工作中，先是向围岩钻孔，然后用位移计量测钻孔内(围岩内部)各点相对于孔口(岩壁)一点的相对位移。

位移计有两种类型：一类是机械式，另一类是电测式。其构造是由定位装置、位移传递装置、孔口固定装置、百分表或读数仪等部分组成。主要构造的作用如下。

(1)定位装置是将位移传递装置固定于钻孔中的某一点，则其位移代表围岩内部该点位移。定位装置多采用机械式锚头，其形式有楔缝式、支撑式、压缩木式等。

(2)位移传递装置是将锚固点的位移以某种方式传递至孔口外，以便测取读数。传递的方式有机械式和电测式两类。其中机械式位移传递构件有直杆式、钢带式、钢丝式，电测式位移传感器有电磁感应式、差动电阻式、电阻式。

直杆式位移计结构简单，安装方便，稳定可靠，价格低廉，但观测精度较低，观测不太方便，一般单孔只能观测 1～2 个测点的位移[图 5－7(a)]。钢带式和钢丝式位移计则可单孔观测多个测点，如 DWJ—1 型深孔钢丝式位移计可同时观测到单孔中不同深度的 6 个点位[图 5－7(b)]。

电测式位移计的传感器须有读数仪来配合输送、接收电信号，并读取读数。电测式位移计多用于进行深孔多点位移测试，其观测精度较高，测读方便，且能进行遥测，但受外界影响较大，稳定性较差，费用较高(图 5－8)。

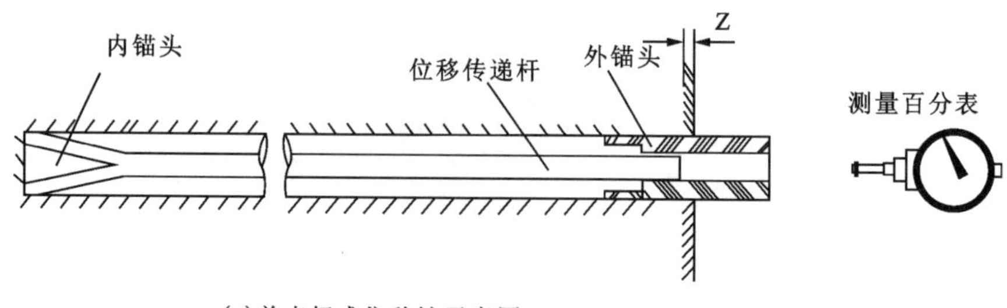

(a)单点杆式位移计示意图

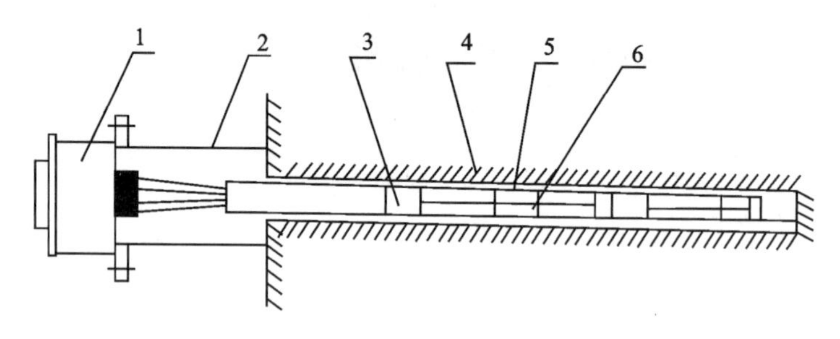

(b)DWJ—1型深孔六点伸长计结构原理示意图

图 5-7 机械式位移计

1—位移测定器;2—圆形支架;3—锚固器;4—保护套管;5—砂浆;6—定位器

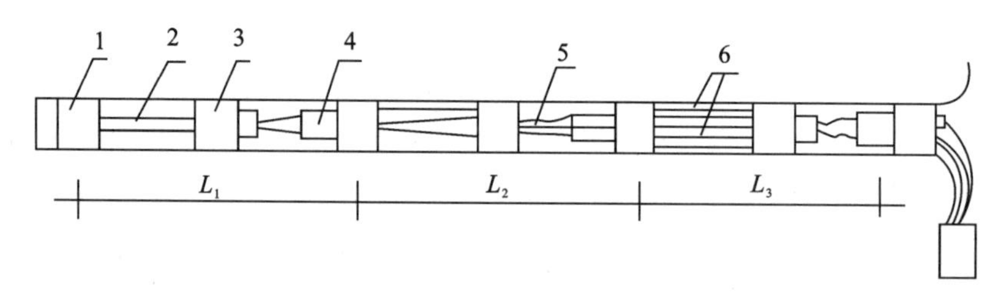

图 5-8 电阻式多点位移计示意图

1—锚固压缩木;2—位移传递杆;3—硬杂木定位器;4—WY—40 位移传感器;5—位移测点;6—测试导线

(3)孔口固定装置。一般测试的是孔内各点相对于孔口一点的相对位移,故须在孔口设固定点或基准面。

5. 应力、应变量测

1)量测内容

应力、应变量测内容较多,一般分两项,一是对支护体内的应力、应变量测,二是对围岩的应力、应变量测及围岩与支护体间接触应力量测。前者量测项目有混凝土喷层的应力量测、锚杆应力量测。除通过量测直接测得岩体的应力、应变外,还可以用位移反分析法在理论上所测得的位移值推断出与之相适应的各种参数,其中包括应力、应变和岩体的弹性模量。测量应力、应变使用的量测仪器很多,以下简要介绍量测支护与围岩间的接触应力及支护内应力的方法。

2)量测仪器与方法

(1)量测锚杆。量测锚杆为一空心钢管,用与锚杆相同的方法锚固在测试部位,以量测锚杆的受力状态。量测锚杆的内腔,在 4 个预定位置各固结一根细长的金属杆(也可用在孔口拉紧的钢丝代替),做成测点。量测锚杆的标准长度为 6m 或 9m,如图 5-9 所示。

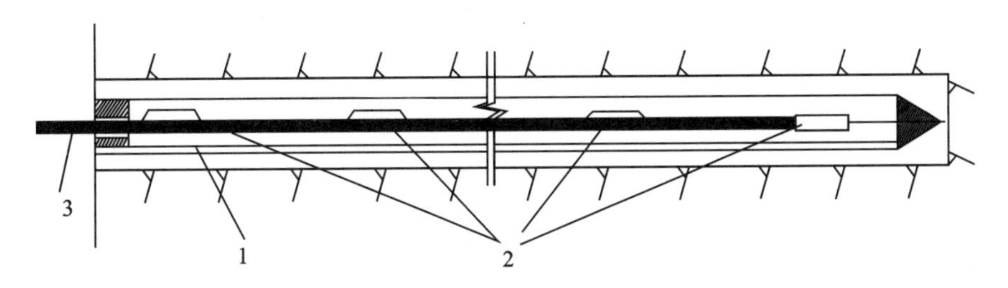

图 5-9　量测锚杆示意图

1—空心铝管;2—电阻应变片;3—量测电线束

(2)压力盒。支护(喷射混凝土或模筑混凝土衬砌)的内应力及其与围岩之间的接触应力大小,既反映了支护的工作状态,又反映了围岩施加于支护的形变压力情况,因此,对支护的内应力及其与围岩接触应力的量测就成为必要。这种量测可采用盒式压力传感器(称压力盒)进行测试。将压力盒埋设于混凝土内的测试部位及支护-围岩接触面的测试部位,则压力盒所受压力即为该部位(测点)压力。压力盒的布置方式如图 5-10 所示。

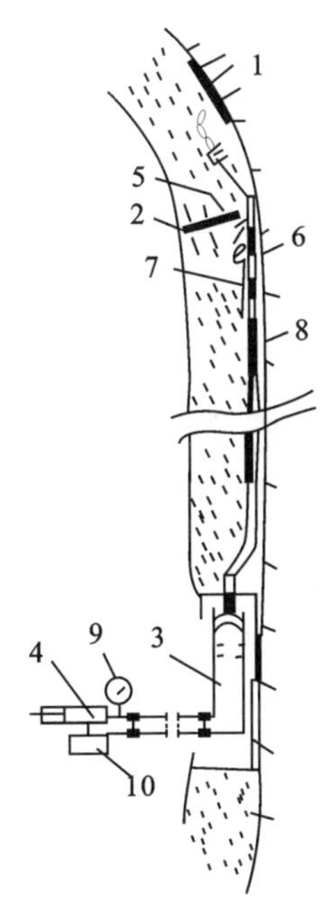

图 5-10　压力盒布置方式示意图

1—接触面上的压力盒;2—喷层中的压力盒;3—控制箱;4—水泵;
5—垫板;6—阀门;7—压力管;8—回水管;9—压力表;10—水箱

压力盒有两种传感方式,一种是变磁阻调频式,另一种是液压式。

变磁阻调频式压力盒的工作原理是:当压力作用于承压板上时,通过油层传到传感单元的膜上,使之产生变形,改变了磁路的气隙,即改变了磁阻,当输入振荡电信号时,即发生电磁感应,其输出信号的频率发生改变,这种频率改变因压力的大小而变化,据此可测出压力的大小[图 5 - 11(a)]。

液压式压力盒又称格鲁茨尔(Gbozel)压力盒,其传感器为一扁平油腔,通过油压泵加压,由油泵表可直接测读出内应力或接触应力[图 5 - 11(b)]。

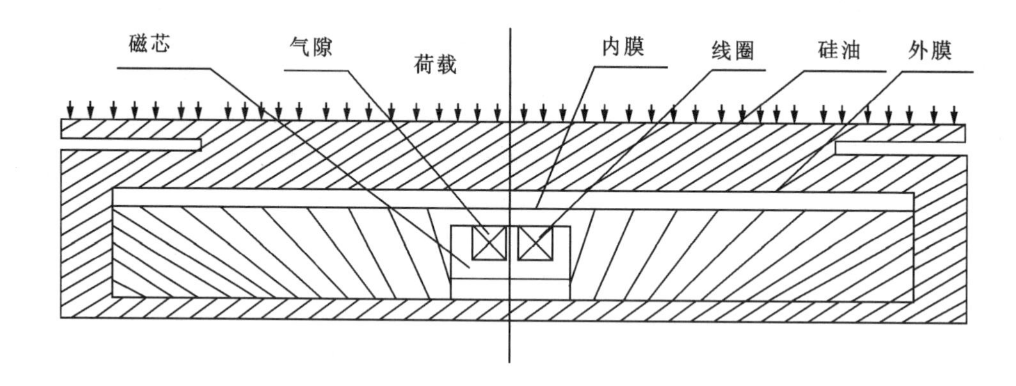

(a)变磁阻调频式压力盒

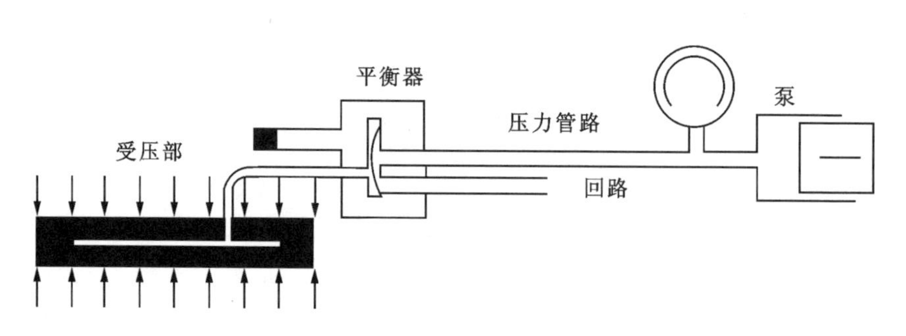

(b)格鲁茨尔压力盒

图 5 - 11　压力盒示意图

两种压力盒的特点分别为:变磁阻调频式压力盒的抗干扰能力强,灵敏度高,适于遥测,但在硬质介质中应用,存在着与介质刚度匹配的问题,效果不太理想;液压式压力盒减少了应力集中的影响,其性能比较稳定可靠,是较理想的压力盒。国内已有单位研制出机械式油腔压力盒。

5.1.4　量测资料的整理和反馈

5.1.4.1　量测资料的整理

现场量测数据是随时间和空间变化的,要及时用变化关系图表示出来。图 5 - 12～图 5 - 15 为假想的 3 种位移和速度的关系曲线图。

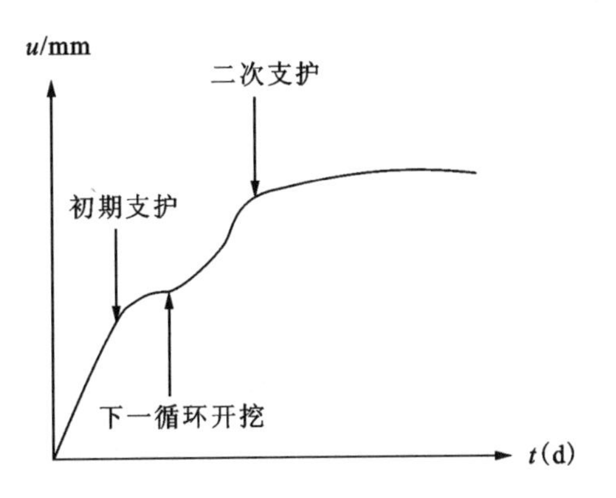

图 5-12 位移(u)-时间(t)关系曲线图

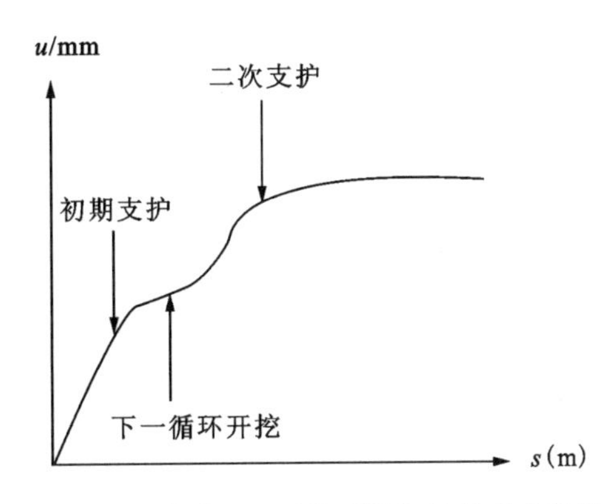

图 5-13 位移(u)-开挖面距离(s)关系曲线图

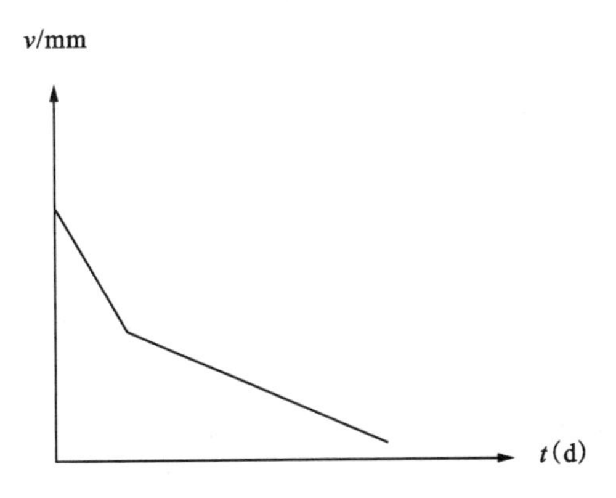

图 5-14 位移速度(v)-时间(t)关系曲线图

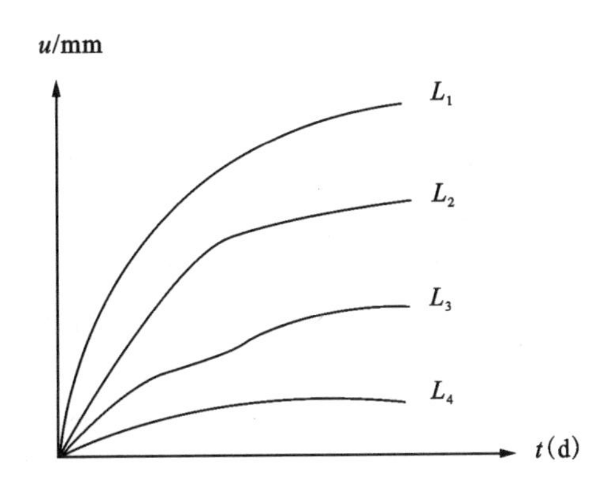

图 5-15 各测点位移(u)-时间(t)关系曲线图

类似关系曲线还有多个同时或不同时测点位移随时间、空间的关系曲线，及围岩或支护体内各种应力、应变分别随时间、空间变化的关系曲线等，这些曲线还可以通过回归分析整理出相应的关系式。

(1)收敛-位移量测可采用回归分析方法整理，回归分析的函数可选用指数、双曲线或对数函数。取对数函数时，收敛值可表示为

$$\Delta = a + b\lg(t+k) \tag{5-3}$$

式中：Δ——收敛值(mm)；

t——量测时间(d)；

a、b、k——待定常数。

(2)收敛值的变化率-位移速率，在一时段内收敛值变化量与时间之比称为该时段的平均收敛值速率，可表示为

$$\Delta_t = \frac{\Delta_2 - \Delta_1}{t_2 - t_1} \tag{5-4}$$

式中：Δ_t——平均收敛值速率(mm/d)。

也可对式(5-3)取导数，求出位移值的瞬时收敛值速率

$$\Delta_t = \frac{\mathrm{d}\Delta}{\mathrm{d}t} = \frac{\mathrm{d}}{\mathrm{d}t}[a + b\lg(t+k)] = \frac{b\lg e}{t+k} \tag{5-5}$$

式中:e——自然对数的底,取 2.718 3。

应用上式可求出相应于收敛值速率 Δ_t 时,所需的时间 t 为

$$t=\frac{b\lg e}{\Delta_t}-k \tag{5-6}$$

5.1.4.2 量测资料的分析与反馈

量测资料、数据分析反馈与设计、施工是监控设计的重要一环,根据量测获得的各类曲线可作进一步分析整理,得出相关参数,如通过位移-时间曲线,能看出各时间阶段的总位移量、位移速度及其速度变化的趋势等。这里,仅简要介绍根据对量测数据的分析来修正设计参数和调整施工措施的一些准则。

1. 地质预报

地质预报就是根据地质素描来预测预报开挖面前方围岩的地质状况,以便考虑选择适当的施工方案,调整各项施工措施。

(1)在洞内直观评价当前已暴露围岩的稳定状态,检验和修正初步的围岩分类。

(2)根据修正的围岩分类,检验初步设计的支护参数是否合理,如不恰当,则应予修正。

(3)直观检验初期支护的实际工作状态。

(4)根据当前围岩的地质特征,推断前方一定范围内围岩的地质特征,进行地质预报,防范不良地质现象突然出现。

(5)根据地质预报,并结合对已作初期支护实际工作状态的评价,预先确定下一循环的支护参数和施工措施。

(6)配合量测工作进行测试位置选取和量测成果分析。

2. 围岩壁面位移(净空位移)分析与反馈

下面以一假想例作分析(图 5-16)。若具备了围岩压力与径向位移及位移与时间的关系,可以判断围岩的稳定性、支护方法与支护时间。

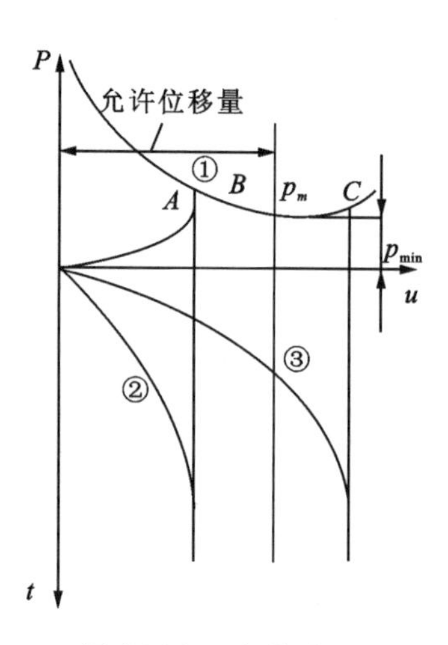

图 5-16 围岩压力 p 与位移 u 关系示意图

曲线①代表硐室侧壁径向位移 u 与围岩压力 p 的关系曲线。当支护特性曲线与围岩特性曲线在最大允许变形量处相交，则所提供的支护抗力最小，当平衡点位于 p_m 点右侧曲线上时，则将引起变形(位移)急剧增大，当出现曲线③(位移-时间曲线)时，围岩发生破坏，这是不容许的。因此，根据对位移-时间曲线的回归分析，当预计的变形量将要超过允许的变形量时，迅速采取增长、加密锚杆、增厚喷射混凝土层、设置仰拱等提高支护抗力的措施，使变形控制在允许的范围内。

围岩允许位移值通常是按经验确定的，它取决于岩性条件、原岩应力大小与方向、硐室断面尺寸及支护类型等因素。按照我国《岩土锚杆与喷射混凝土支护工程技术规范》(GB 50086—2015)，监测数据的应用应符合下列规定。

后期支护施工前，实测收敛速度与收敛值必须同时满足下列条件：①隧洞周边水平收敛速度小于 0.2mm/d，拱顶或底板垂直位移速度小于 0.1mm/d；②隧洞周边水平收敛速度，以及拱顶或底板垂直位移速度明显下降；③隧洞位移相对值已达到总相对位移的 90%以上。当出现下列情况之一，且收敛速度仍无明显下降时，必须立即采取措施，加强初期支护，并修改原支护设计参数：①位移无明显下降，实测位移相对值已接近表 5-4 中规定的数值，喷射混凝土出现明显裂缝；②实测位移速度出现急剧增长时。

表 5-4　隧洞周边允许位移相对值(%)

围岩分级	隧洞埋深/m		
	<50	50～300	>300
Ⅲ	0.1～0.3	0.2～0.5	0.4～1.2
Ⅳ	0.15～0.5	0.4～1.2	0.8～2.0
Ⅴ	0.2～0.8	0.6～1.6	1.0～3.0

注：1. 周边位移相对值系指两测点间实测位移累计值与两测点间距离之比。两测点间位移值也称收敛值。

2. 脆性围岩取表中较小值，塑性围岩取表中较大值。

3. 本表适用于高跨比为 0.8～1.2 的下列地下工程：Ⅲ级围岩跨度不大于 20m；Ⅳ级围岩跨度不大于 15m；Ⅴ级围岩跨度不大于 10m。

4. Ⅰ级、Ⅱ级围岩中进行量测的地下工程，以及Ⅲ级、Ⅳ级、Ⅴ级围岩在表注 3 范围之外的地下工程应根据实测数据的综合分析或工程类比方法确定允许值。不稳定围岩的位移速率，其规律大致与典型的蠕变曲线一致，即先减速，后等速，最后加速而至破坏。所以在围岩未稳定前出现等速过程，可能是围岩出现不稳定的预兆。出现明显的加速过程则预示围岩已出现明显的破坏，需要及时加强支护。

3. 围岩内位移及松动区的分析与反馈

围岩内位移及松动区的大小一般采用多点位移计或声波仪等进行量测，按此绘制各位移计的围岩内位移图(图 5-17)或声波纵波波速大小图。由图 5-17 即能确定围岩的移动范围与松动范围。根据理论分析，围岩洞壁位移量是与松动区的大小一一对应的，相对于围岩的最大允许变形量有一个最大允许的松动区半径。当围岩松动区半径超过此允许值时，围岩就会出现松动破坏，此时必须加强支护或改变施工方式，以减小松动区范围。

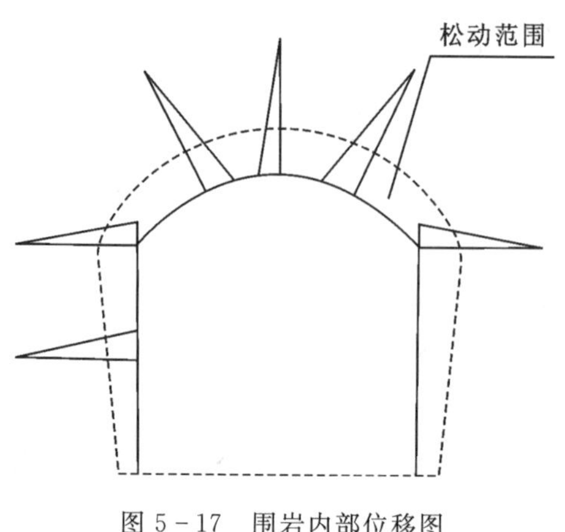

图 5-17 围岩内部位移图

4. 锚杆轴力量测分析与反馈

根据量测锚杆测得的应变,能按式(5-7)算出锚杆的轴力为

$$N=\frac{\pi}{8}D^2E(\varepsilon_1+\varepsilon_2) \tag{5-7}$$

式中:N——锚杆轴力;

D——锚杆直径;

E——锚杆材料的弹性模量;

ε_1、ε_2——对称的一组应变片量测所得的两个应变值。

锚杆轴向力是检验锚杆效果与锚杆强度的依据,根据锚杆极限抗拉强度与锚杆应力比值 k_1(锚杆安全系数)即能做出判断。锚杆轴力越大,则 k_1 值越小。当实测的锚杆轴力较高,接近或超过锚杆设计强度,同时围岩变形又很大,则必须及时增设锚杆;当实测的锚杆轴力较低或出现压应力时,同时围岩变形又很小,则可适当减少锚杆数量。

5. 围岩压力量测分析与反馈

根据围岩压力分布曲线可知围岩压力的大小及其分布状况,围岩压力的大小与围岩壁的位移量及支护刚度有密切关系。围岩压力大,表明支护结构受力大,这可能有两种情况:一是围岩压力大但围岩变形量不大,这表明支护时机,尤其是抑拱的封底时间过早,此时需延迟支护时间,让围岩应力有较多的释放;二是围岩压力大,且围岩变形量也大,此时应加强支护,以限制围岩变形。当测得的围岩压力很小但变形很大时,则还应考虑是否会出现围岩失稳现象。

6. 喷层应力量测分析与反馈

喷层应力与围岩压力及位移密切相关。喷层应力大的原因有两个方面:一是围岩压力和位移大,二是支护不足。喷层应力量测可以掌握沿硐室周边喷层应力分布状态及其随时间的变化,从而监视喷层的安全程度,为是否需要调整支护参数提供信息。

在实际工程中,一般允许喷层有少量局部裂纹,但不能有明显的裂损,如剥落、起鼓等。如果喷层应力过大,或出现明显裂损,则应适当增加初始喷层厚度。当喷层厚度已较厚时,则不应再增加喷层厚度,而应增强锚杆、调整施工措施、改变封底时间等。

7. 地表下沉分析与反馈

地表下沉监测一般适用于隧道洞口段及浅埋隧道。对于隧道洞口段，由于隧道开挖，对洞口山坡体造成扰动，影响其稳定性，可能导致局部坍塌或滑坡，严重时甚至掩埋洞口；对于浅埋隧道，可能由于隧道的开挖而引起上覆岩体的下沉，致使地面建筑的破坏和地面环境的改变。地表下沉的监控量测对地面有建筑物的浅埋隧道和城市地下通道尤为重要。

如果量测结果表明地表下沉量不大，能满足限制性要求，则说明支护参数和施工措施是适当的；如果地表下沉量大或出现增加的趋势，则应加强支护和调整施工措施，如适当加喷混凝土、增设锚杆、加钢筋网、加钢支撑、超前支护等，或缩短开挖循环进尺、提前封闭仰拱甚至预注浆加固围岩等；如果洞口开挖可能造成山体失稳，则应先采取稳固山体的施工措施，再进行隧道施工。

另外，还应注意对浅埋隧道的横向地表位移观测，横向地表位移带出现在浅埋偏压隧道工程中，其处理较为复杂，应加强治理偏压的对策研究。

5.2 基坑工程施工监测

基坑工程施工监测是指在基坑工程施工及使用期限内，对基坑支护体系及周边环境实施的监测、监控工作。基坑监测主要包括：支护结构、相关自然环境、施工工况、地下水状况、基坑底部及周围土体、周围建(构)筑物、周围地下管线及地下设施、周围重要的道路、其他应监测的对象。

5.2.1 监测的目的与意义

由于地质条件、荷载条件、材料性质、地下构筑物的受力状态和力学机理、施工条件以及外界其他因素的复杂性，岩土工程迄今为止还是一门不完善的科学技术体系，很难单纯从理论上计算和预测出工程中可能遇到的问题，而且理论预测值还不能全面而准确地反应工程的各种变化。所以，在理论分析指导下有计划地进行现场监测是十分必要的。

监测是用相对精确之数值解释表达工程施工质量及其安全性的一种定量方法和有效手段，是对工程设计经验安全系数的动态诠释，是保证工程顺利完成的必需条件。在预先周密计划下，在适当的位置和时刻采用先进的仪器和方法进行监测可收到良好的效果，特别是在工程师根据监测数据及时调整各项施工参数，使施工处于最佳状态，在实行“信息化”施工方面起到日益重要的、不可替代的作用。

监控量测的目的如下。

(1)对施工期间基坑(及围护结构)变形及其他与施工有关的项目或量值进行量测，及时和全面地反映它们的变化情况，确保地铁车站及区间在施工过程中的安全。

(2)确保施工影响区域内的建(构)筑物及地下管线的安全稳定，为精细控制施工对周围环境的影响提供判断数据。

(3)验证设计，指导施工。通过监测可以了解围护结构及周边土体的实际变形，用于验证设计方案与实际情况的吻合程度,并根据变形分布情况来调整设计和施工,为施工提供有价值的指导性意见。

(4)保障业主及相关社会利益。围护结构开挖将会对周边建筑物、道路和地下管线等产生一定的影响,稍有疏忽就会出现问题,给人们的经济、人身安全带来巨大的隐患,同时还能为跟踪掌握在土方开挖和地下结构施工过程中可能出现的各种不利现象,及时调整施工参数、施工工序以及是否要采取应急措施等提供技术依据,对保障业主声誉及相关社会利益不受损害具有重大意义。

(5)分析区域性施工特征。通过对地表、周边建(构)筑物、道路、地下管线和地下水位等监测数据的收集、整理和综合分析,了解各监测对象的实际变形情况及施工对周边环境的影响程度,分析区域性岩土变形特征,积累资料和经验,为今后的同类工程提供类比依据。

5.2.2 监测设计原则

1. 系统性原则

(1)所设计的各种监测项目有机结合,相辅相成,测试数据能相互进行校验。

(2)发挥系统功效,对围护结构进行全方位、立体、实时监测,并确保监测的准确性、及时性。

(3)在施工过程中进行连续监测,保证监测数据的连续性、完整性、系统性。

(4)尽可能利用系统功效减少监测点的布设,降低成本。

2. 可靠性原则

(1)所采用的监测手段应是比较完善的或已基本成熟的方法。

(2)监测中所使用的监测仪器、元件均应事先进行率定,并在有效期内使用。

(3)对应监测点采取有效的保护措施。

3. 与设计相结合原则

(1)对设计使用的关键参数进行监测,以便达到进一步优化设计的目的。

(2)对评审中有争议的工艺、原理所涉及的部位进行监测,通过监测数据的反演分析和计算进行校核。

(3)依据设计计算确定围护结构、支撑结构、周边环境等的警戒值。

4. 关键部位优先、兼顾全局的原则

(1)在支护结构体敏感区域增加测点数量和项目,进行重点监测。

(2)对岩土工程勘察报告中描述的岩土层变化起伏较大的位置和施工中发现异常的部位进行重点监测。

(3)对关键部位以外的区域在系统性的基础上均匀布设监测点。

5. 与施工相结合原则

(1)结合施工工况调整监测点的布设方法和位置。

(2)结合施工工况调整测试方法或手段、监测元器件种类或型号及测点保护方式或措施。

(3)结合施工工况调整测试时间、测试频率。

6. 经济合理性原则

(1)在安全、可靠的前提下结合工程经验尽可能地采用直观、简单、有效的测试方法。

(2)在确保质量的基础上尽可能地选择成本较低的国产监测元件。

(3)在系统、安全的前提下,合理利用监测点之间的关系,减少测点布设数量,降低监测成本。

5.2.3 监测项目及监测方法

1. 水平位移监测

测定特定方向上的水平位移时可采用视准线法、小角度法、投点法等;测定监测点任意方向的水平位移时可视监测点的分布情况,采用前方交会法、自由设站法、极坐标法等;当基准点距基坑较远时,可采用 GPS 测量法或三角、三边、边角测量与基准线法相结合的综合测量方法。当监测精度要求比较高时,可采用微变形测量雷达进行自动化全天候实时监测。

水平位移监测基准点应埋设在 3 倍基坑开挖深度范围以外不受施工影响的稳定区域,或利用已有稳定的施工控制点,不应埋设在低洼积水、湿陷、冻胀、胀缩等影响范围内的区域。基准点的埋设应按有关测量规范、规程执行,宜设置有强制对中的观测墩。采用精密的光学对中装置时,对中误差不宜大于 0.5mm。

2. 竖向位移监测

竖向位移监测可采用几何水准或液体静力水准等方法。

坑底隆起(回弹)宜通过设置回弹监测标,采用几何水准并配合传递高程的辅助设备进行监测,传递高程的金属杆或钢尺等应进行温度、尺长和拉力改正。

基坑围护墙(坡)顶、墙后地表与立柱的竖向位移监测精度应根据竖向位移报警值确定。

3. 深层水平位移监测

围护墙体或坑周土体的深层水平位移的监测宜采用在墙体或土体中预埋测斜管、通过测斜仪观测各深度处水平位移的方法。

4. 倾斜监测

建筑物倾斜监测应测定监测对象顶部相对于底部的水平位移与高差,分别记录并计算监测对象的倾斜度、倾斜方向和倾斜速率。应根据不同的现场观测条件和要求,选用投点法、水平角法、前方交会法、正垂线法、差异沉降法等。

5. 裂缝监测

裂缝监测应包括裂缝的位置、走向、长度、宽度及变化程度,需要时还包括深度。裂缝监测数量根据需要确定,对主要裂缝或变化较大的裂缝应进行监测。

裂缝监测可采用以下方法。

(1)裂缝宽度监测。可在裂缝两侧贴石膏饼、划平行线或贴埋金属标志等,采用千分尺或游标卡尺等直接量测的方法;也可采用安装裂缝计、粘贴安装千分表、摄影量测等方法。

(2)裂缝深度量测。当裂缝深度较小时宜采用凿出法和单面接触超声波法监测,深度较大裂缝宜采用超声波法监测。

(3)应在基坑开挖前记录监测对象已有裂缝的分布位置和数量,测定其走向、长度、宽度和深度等,标志应具有可供量测的明晰端面或中心。裂缝宽度监测精度不宜低于0.1mm,长度和深度监测精度不宜低于1mm。

6. 支护结构内力监测

基坑开挖过程中支护结构内力变化可通过在结构内部或表面安装应变计或应力计进行量测。对于钢筋混凝土支撑,宜采用钢筋应力计(钢筋计)或混凝土应变计进行量测;对于钢结构支撑,宜采用轴力计进行量测。围护墙、桩及围檩等内力宜在围护墙、桩钢筋制作时,利用在主筋上焊接钢筋应力计的预埋方法进行量测。支护结构内力监测值应考虑温度变化的影响,对钢筋混凝土支撑尚应考虑混凝土收缩、徐变以及裂缝的影响。

7. 土压力监测

施工中宜采用土压力计量测土压力。土压力计埋设可采用埋入式或边界式(接触式)。埋设时应符合下列要求。

(1)受力面与所需监测的压力方向垂直并紧贴被监测对象。

(2)埋设过程中应有土压力膜保护措施。

(3)采用钻孔法埋设时,回填应均匀密实,且回填材料宜与周围岩土体一致。

(4)做好完整的埋设记录。

土压力计埋设以后应立即进行检查测试,基坑开挖前至少要经过1周时间的监测并取得稳定初始值。

8. 孔隙水压力监测

孔隙水压力宜通过埋设钢弦式、应变式等孔隙水压力计,采用频率计或应变计量测。孔隙水压力计应满足以下要求:量程应满足被测压力范围的要求,可取静水压力与超孔隙水压力之和的1.2倍;精度不宜低于0.5%F·S,分辨率不宜低于0.2%F·S。孔隙水压力计埋设可采用压入法、钻孔法等。

9. 地下水位监测

地下水位宜通过孔内设置水位管,采用水位计等方法进行测量。地下水位监测精度不宜低于10mm。

10. 锚杆拉力监测

锚杆拉力宜采用专用的锚杆测力计监测,钢筋锚杆受力可采用钢筋应力计或应变计量测,当使用钢筋束时应分别监测每根钢筋的受力。锚杆轴力计、钢筋应力计和应变计的量程宜为设计最大拉力值的1.2倍,量测精度不宜低于0.5%F·S,分辨率不宜低于0.2%F·S。应力计或应变计应在锚杆锁定前获得稳定初始值。

5.2.4　监测具体实施方案

1. 监测点的布设原则

(1)按照监测方案在现场布设测点,原则上以监测方案中的要求布置。实际根据现场情况可在靠近设计测点位置设置测点,但以能达到监测目的为原则。

(2)监测点的类型、数量可结合工程特点、施工特点、监测费用等因素综合考虑。

(3)为验证设计数据而设的测点布置在设计最不利位置和断面,为指导施工而设的测点布置在相同工况下的最先施工部位,其目的是为了及时反馈信息,以修改设计和指导施工。

(4)地表变形测点的位置既要考虑反映对象的变形特征,又要便于采用仪器进行观测,还要有利于测点的保护。

(5)各类监测测点的布置在时间和空间上有机结合,力求同一监测部位能同时反映不同的物理变化量,以便找出其内在的联系和变化规律。

(6)测点的埋设应提前一定的时间,并及早进行初始状态的量测。

(7)测点在施工过程中一旦被破坏,应尽快在原来位置或尽量靠近原来位置补设测点,以保证该测点观测数据的连续性。

2. 监控网的建立

在施工监测开始前,首先要建立监测控制网,主要为水平位移监测网和垂直位移监测网。基准点可以利用城市中永久水准点或施工时使用的临时水准点。根据土层条件、埋深和结构特点、支护类型、开挖方式以及周围环境状况等因素,利用少而精的原则,突出重点,兼顾全局设置监测点。

3. 基坑内外巡视检查

巡视检查是指对自然条件、支护结构、施工工况、周边环境、监测设施等的检查情况进行详细记录,如发现异常,应及时通知委托方及相关单位。巡视检查记录应及时整理,并与仪器监测数据综合分析。

基坑工程整个施工期内,每天均有专人进行巡视检查。巡视检查包括以下主要内容。

1)支护结构

(1)支护结构成型质量。

(2)冠梁、支撑、围墙有无裂缝出现。

(3)支撑、立柱有无较大变形。

(4)止水帷幕有无开裂、渗漏。

(5)墙后土体有无沉陷、裂缝及滑移。

(6)基坑有无涌土、流砂、管涌。

2)施工工况

(1)开挖后暴露的土质情况与岩土勘察报告有无差异。

(2)基坑开挖分段长度及分层厚度是否与设计要求一致,有无超长、超深开挖。

(3)场地地表水、地下水排放状况是否正常,基坑降水、回灌设施是否运转正常。

(4)基坑周围地面堆载情况,有无超堆荷载。

3)基坑周边环境

(1)地下管道有无破损、泄露情况。

(2)周边建(构)筑物有无裂缝出现。

(3)周边道路(地面)有无裂缝、沉陷。

(4)邻近基坑及建(构)筑物的施工情况。

4)监测设施

(1)基准点、测点完好状况。

(2)有无影响观测工作的障碍物。

(3)监测元件的完好及保护情况。

巡视检查的检查方法以目测为主,可辅以锤、钎、量尺、放大镜等工器具以及摄像、摄影等设备进行。

4. 地表竖向位移监测

1)监测目的

监测目的为测量区间和基坑施工引起的地表沉降值,同时评估施工对周围环境影响程度。

2)测点布设

区间纵向地表测点沿盾构推进轴线设置,盾构始发与到达段100m范围内,沿隧道轴向每10m布设一个断面,其余地段,每30m布设一个断面,盾构施工穿越既有建筑物群应适当加密测点,每10m布设一个断面,每个断面布设测点10个(双线)。在工法和结构断面变化的部位如车站与区间结合部位、车站与风道结合部位等应适当加密设置监测点。监测点布设在地铁结构外沿两侧各30m范围内。

基坑周边地表竖向位移监测点按监测剖面设在坑边中部或其他有代表性的部位。监测剖面与坑边垂直,每个监测剖面上的监测点不少于5个。基坑周边的建筑物较多,周围环境复杂,应对距基坑边缘3倍基坑深度范围内的周边地表沉降进行监测。

水准基点数量不少于3个,分别布设在工点两侧,并定期进行校核,防止其自身发生变化,以保证沉降监测结果的正确性。水准基点在沉降监测的初次量测前不少于15天埋设。

3)测点制作

对于在道路上的监测点,打入顶部刻有"+"字丝的道钉。对于泥土地中测点制作,可采用人工挖孔方式成孔,孔深穿过硬化地面,中间放入顶端加工成圆球形、直径为18mm的钢筋,孔内填入隔离层,如图5-18所示。

水准基点的埋设按以下要求进行。

(1)布置在监测工点的沉降范围以外,用直径10mm钢筋打入地下,深度不少于0.3m,上部用C25混凝土包固,确保其稳固性。

(2)水准基点与量测点通视良好,其距离小于100m,以保证监测精度。

(3)水准基点的埋设避开松软、低洼积水处,以防变位。

4)监测仪器及精度要求

地表沉降监测采用水准测量方法进行,监测仪器选用高精密电子水准仪,按国家二等水准测量规范要求作业。视线长度不大于50m,闭合差小于±0.5mm,测量数据保留至0.1mm。同时沉降监测满足下列要求。

(1)观测前对所用水准仪、水准尺按规定进行校验,并做好记录,在使用过程中不随意更换。

(2)首次进行观测时可增加测回数,且不少于3次,取其稳定值作为初始值。

(3)固定观测人员、观测线路和观测方式。

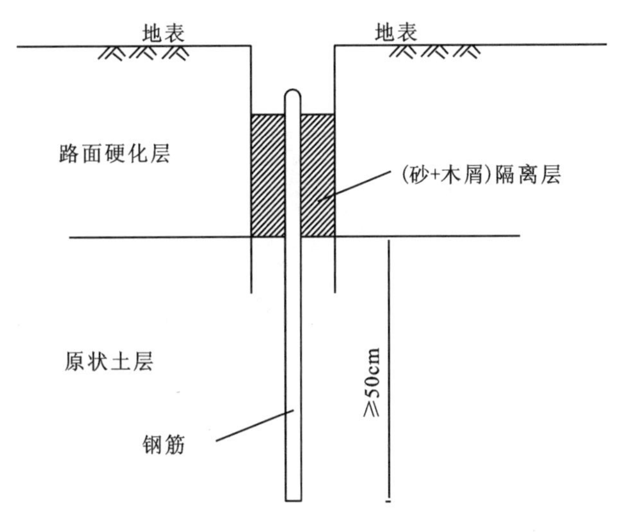

图 5-18　沉降监测点埋设示意图

(4)定期进行水准点校核、测点检查和仪器校验,确保量测数据的准确性和连续性。

5. 围护墙顶部竖向及水平位移监测

1)监测目的

监测目的为了解桩、地下连续墙的沉降量及水平位移和临时立柱的沉降量,必要时调整基坑开挖顺序和速度,确保基坑和周围环境的安全。

2)测点布设

沿基坑周边布置围护墙顶部的竖向及水平位移监测点,并在周边中部、阳角处布置监测点。沿基坑每 20m 左右布设一个沉降监测点,每边监测点数不少于 3 个,将监测点埋设于围护体冠梁顶。监测点埋设时先在冠梁的顶部用冲击钻钻出深约 10cm 的孔,用清水冲洗干净钻孔,再把带有“十”字丝的监测标志放入孔内,并用锚固剂填充缝隙。标志埋设形式如图 5-19 所示。

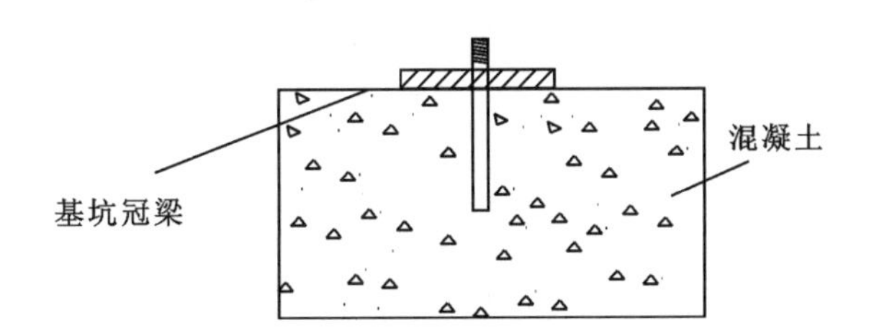

图 5-19　围护结构沉降和水平测点埋设示意图

3)监测仪器及精度要求

监测仪器为水准仪、全站仪。测试精度:水平位移监测点坐标中误差小于或等于 0.3mm,竖向位移监测点测站高差中误差小于或等于 0.15mm。

6. 立柱竖向位移监测

1)监测目的

监测目的为了解基坑开挖过程中立柱的竖向位移情况,及时反馈施工,调整开挖顺序、开挖速度和支撑轴力,并决定是否采用辅助施工措施,以避免立柱因内力过大而被破坏,引起局部围护系统失稳乃至整个围护结构的破坏。

2)测点布设

立柱的竖向位移监测点布设在基坑中部、多根支撑交汇处、地质条件复杂处的立柱上。立柱支撑竖向沉降监测点不宜少于立柱总根数的10%,且不少于3根。

3)监测仪器及精度要求

一般使用电子水准仪测试精度:竖向位移监测点测站高差中误差小于或等于0.15mm。

7. 基坑底回弹监测

1)监测目的

基坑在开挖后产生回弹的主要原因:一是由于上部土体开挖卸载后,深层土体应力释放而产生向上隆起的弹性变形;二是由于基坑内土体开挖后,支护内外的压力差使其底部产生侧向位移,导致靠近围护结构内侧的土体向上隆起,严重者产生塑性变形。深基坑由于卸载多,基坑内外压差大,十分有必要对基坑回弹进行监测,其目的在于:①优化施工方案(如挖土速率、底板浇筑时间等);②确保基坑围护结构和周围环境的安全;③估计基础以后的沉降值,为设计累计资料。

2)测点布设

根据基坑形状和深度以及地层条件,以最少的测点数测出所需各纵横面回弹量为原则布设测点。监测点按横向剖面布设,剖面选择在基坑的中央以及其他能反映变形特征的位置,剖面数量不少于2个。同一剖面上监测点横向间距为30m,数量不少于3个。

3)监测仪器及精度要求

监测仪器为电子水准仪。测试精度:监测点测站高差中误差小于或等于1.0mm。

4)观测方法

回弹标志应埋入基坑底面以下20～30cm处,根据埋设与观测方法,采用辅助杆压入式。其步骤与要求如下。

(1)回弹标志的直径应与保护管内径相适用,可采用长20cm的圆钢,其一端中心加工成半径为15～20mm的半球状,另一端应加工成楔形。

(2)钻孔用小孔径127mm工程地质钻机,孔深应达到孔底设计平面以下20～30cm处。孔口与孔底中心偏差不宜大于3‰,并应将孔底清除干净。

(3)应将回弹标套在保护管下端顺孔口放入孔底,如图5-20(a)所示。

(4)不得有孔壁土或地面杂物掉入,应保证观测时辅助杆与标头严密接触,如图5-20(b)所示。

(5)观测时应先将保护管提起约10cm,在地面临时固定,然后将辅助杆立于回弹标头即行观测。测毕,应将辅助杆与保护管拔出地面,先用白灰回填50cm厚度,再填素土至填满全孔,回填应小心缓慢进行,避免撞动标志,如图5-20(c)所示。

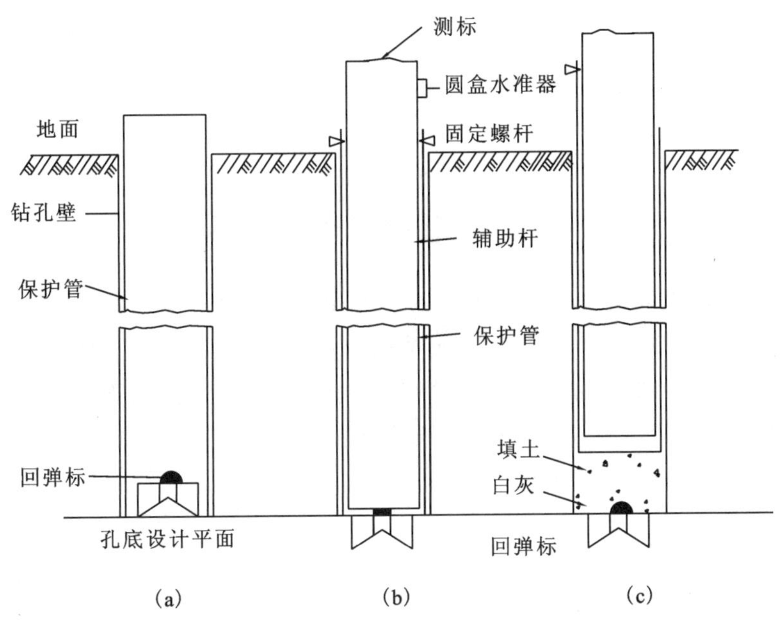

图 5-20 辅助杆压入式标志埋设步骤示意图

回弹标开挖后的高程采用高程传递法进行监测，如图 5-21 所示。具体方法是在基坑边架设一吊杆，从杆顶向下悬挂一根钢尺，钢尺下垂吊一个重锤。在地表基准点(高程为 H_0)和基坑之间架设水准仪，先测读基准点上水准尺读数 a，再测读上部钢尺读数 b。然后将水准仪搬入基坑，测读下部钢尺读数 c 和回弹标上水准尺读数 d，则回弹标的高程为

$$H=H_0+a-(b-c)-d \tag{5-8}$$

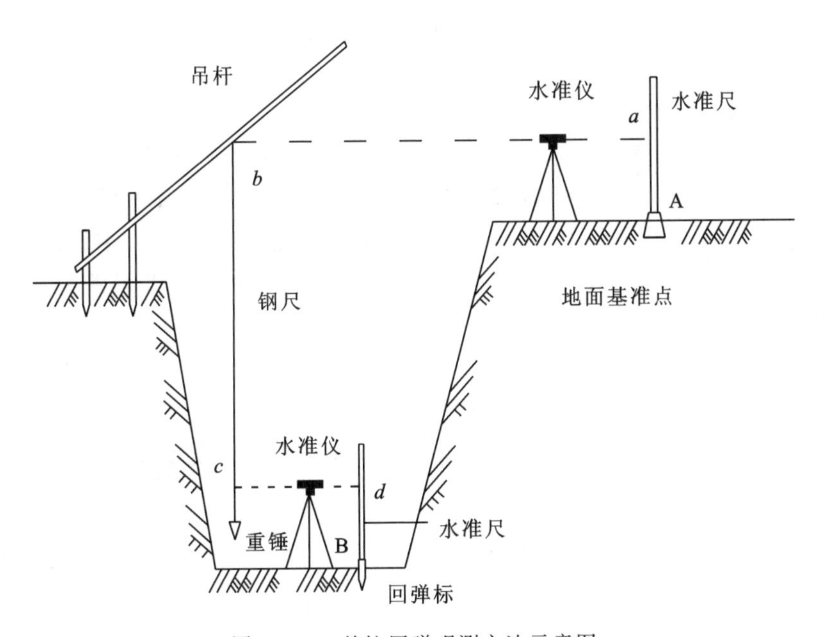

图 5-21 基坑回弹观测方法示意图

8. 地下水位监测

1)监测目的

(1)了解施工过程中地下水位情况,为施工提供参数,确保施工和周围环境的安全,并据此检验和修正设计。

(2)检验降水方案的实际效果,如降水速率和降水深度。

(3)控制施工降水对周围地下水位下降的影响范围和程度,防止施工过程中水土流失。

2)测点布设

基坑内地下水位当采用深井降水时,水位监测点布设在基坑中央和两相邻降水井的中间部位;当采用轻型井点、喷射井点降水时,水位监测点布设在基坑中央和周边拐角处,监测点数量视具体情况确定。基坑外地下水位监测点沿基坑、被保护对象的周边或在基坑与被保护对象之间布设,监测点间距为 40m。在相邻建筑、重要的管线或管线密集处布设水位监测点,当有止水帷幕时,布设在止水帷幕的外侧约 2m 处。水位观测管的管底埋置深度在最低设计水位或最低允许地下水位之下 3~5m 处。承压水水位监测管的滤管埋置在承压含水层中。

3)地下水位观测孔制作

地下水位观测孔的施工主要包括测量放线、成孔、井管加工、井管下放及井管外围填砾料等工序,其流程如图 5-22 所示。

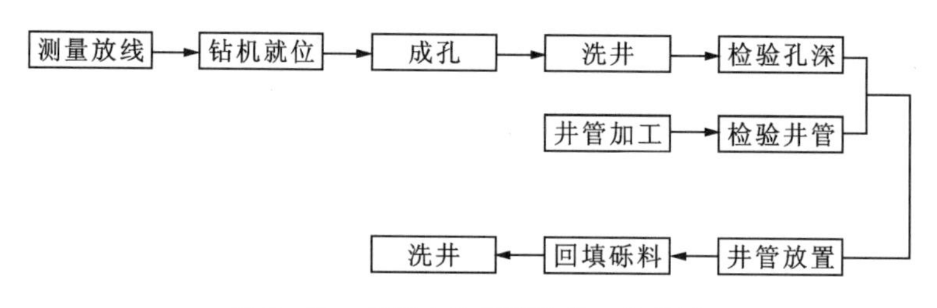

图 5-22 地下水位观测孔施工流程图

(1)成孔。水位观测孔采用清水钻进,钻头的直径为 ϕ120mm,沿铅直方向钻进。在钻进过程中,应及时、准确地记录地层岩性及变层深度、钻进时间及初见水位等相关数据;钻孔达到设计深度后停钻,及时将钻孔清洗干净,检查钻孔的通畅情况,并做好清洗记录。

(2)井管加工。水位管由 PVC 工程塑料制成,包括主管和连接管,主管内径 ϕ45mm,外径 ϕ53mm,连接管内径 ϕ53mm,外径 ϕ63mm。连接管套于两节主管接头处,起着连接固定作用,主管上打有 4 排 ϕ7mm 的孔,使水顺利进入管内,埋设时,应在主管外包上土工布,并固定好,以便起过滤作用。土工布滤网如图 5-23 所示。

(3)井管放置。成孔后,校验孔深无误后吊放经加工且检验合格的内径 ϕ108mm 的 PVC 井管,确保有滤孔端向下;水位观测孔应高出地面 0.5m,在孔口设置固定测点标志,并用保护套保护。

(4)回填砾料。在地下水位观测孔井管吊入孔后,应立即在井管的外围填砾料。

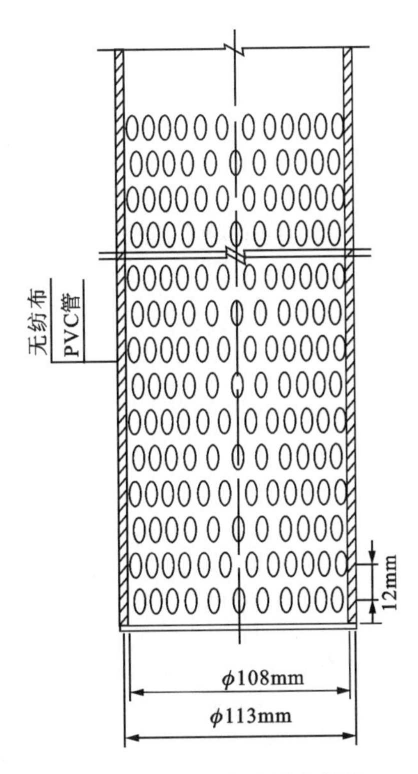

图 5-23　土工布滤网示意图

(5)洗井。在下管、回填砾料结束后,应及时采用清水进行洗井,并做好洗井记录。洗井的质量应符合现行行业标准《供水水文地质钻探与凿井操作规程》(CJJ13-87)的有关规定。

水位管埋设后,应逐日连续观测水位并取得稳定初始值。

4)监测仪器

工程中主要使用水位计观测地下水位。

5)观测方法

地下水位观测设备为电测水位仪,观测精度为 0.5cm,其工作原理如图 5-24 所示。水为导体,当测头接触到地下水时,报警器发出报警信号,此时读取与测头连接的标尺刻度,此读数为水位与固定测点的垂直距离,再通过固定测点的标高及与地面的相对位置换算成从地面算起的水位埋深及水位标高。

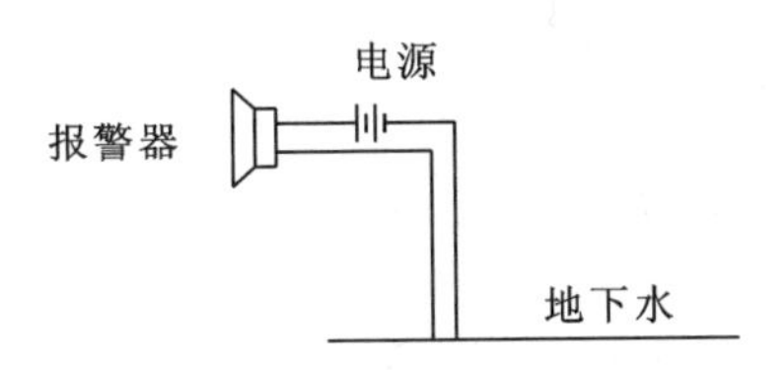

图 5-24　电测水位仪工作原理图

6)数据处理

在施工前由水位计测出初始水位 H_0，在施工过程中测出的高程为 H_n，则高差 $\Delta H = H_n - H_0$ 即为地下水位变化值。

9. 孔隙水压力监测

1)监测目的

通过对基坑周围土体的孔隙水压力的监测可以分析求解出测点的孔隙水压力变化和超静孔隙水压力的消长规律，从而了解基坑周围土体的固结情况和强度增长推算。基坑周围土体的孔隙水压力与基坑的变形和稳定有密切的关系。

2)测点布设

工程中一般选取中间部位、阳角处布设监测点。监测点竖向布设宜在水压力变化影响深度范围内按土层分布情况布设，监测点竖向间距一般为 2～5m，并不宜少于 3 个。

3)测点埋设要求

(1)安装前检验孔隙水压计。首先，仔细阅读孔隙水压计与测试仪说明书，了解孔隙水压计具体参数，熟悉测试仪使用操作；再将孔隙水压计与测试仪连接，按测试仪“开/关”键开机进行测量，检测孔隙水压计是否工作正常；检查安装杆、安装杆等径接头、安装套筒是否齐全；检查传感器数量及导线长度是否正确，以确定传感器在运输过程中是否损坏或丢失。

(2)确定安装时间。一般沿地面上部填筑垫层 300mm 以上，清理好场地后，选择无雨、雪天气进行钻孔预埋安装。

(3)布点。根据设计方案进行测量，确定好孔隙水压计安装孔位。每孔间隔埋设 2～3 个孔隙水压计。每个观测断面孔隙水压计一般需分 4～5 个钻孔埋设。

(4)成孔。在预埋位置钻孔，孔径大小以大于 ϕ80mm 为宜，钻孔偏差应小于 1.5%，并无塌孔、缩孔现象存在，软土层应以泥浆护壁，钻孔至底部孔隙水压计拟埋标高以上 0.2～0.3m 的深度。若出现塌孔或缩孔较快现象，必须先下套管再进行钻孔。套管深度应大于缩孔或塌孔部位深度。

(5)安装前辅助工作。准备好晒干的黏土球，以便安装孔隙水压计后用以填充钻孔；根据孔隙水压计埋设深度，准备好安装孔隙水压计时所需的安装杆、安装杆等径接头、安装套筒、定位销(与销孔直径相符的保险丝)、ϕ50PVC 钢丝软管、适当导线长度的孔隙水压计、一桶清水；把将要埋设的孔隙水压计浸泡入清水中；现场预装，熟练安装过程，用卷尺对安装杆进行测量，确定安装杆数量，其总长应大于孔隙水压计拟埋深度 0.5m。

(6)安装。先把将要装入钻孔底部的孔隙水压计从清水中提出，调零，并做好记录，存档。具体操作流程：①将孔隙水压计连接好测试仪进行测量；②调零，手工记录好孔隙水压计编号、零点时温度；③用测试仪对整个安装过程进行监测。在整个安装过程中，孔隙水压计埋设深度由安装杆长度准确控制。首先将孔隙水压计装上安装套筒，装好定位销、连接安装杆，将孔隙水压计下放到钻孔中，待安装杆杆顶离孔口高约 200mm 时停住，用等径接头加长安装杆，再继续下放，直至孔隙水压计安装到孔底，用人工或钻机缓慢加压安装杆顶部，将孔隙水压计压至埋设深度，此时定位销脱落，再将安装杆退出钻孔。孔隙水压计安装示意图如图 5-25 所示。(注意：在孔隙水压计安装过程中，绝不允许转动安装杆，因为安装杆转动容易使孔隙水压计测试导线绕在安装杆上，在退出安装杆时，可能会将孔隙水压计随安装杆带出钻孔，或拔断孔隙水压计主体与导线部位的连接，导致埋设失败而损坏孔隙水压计。）

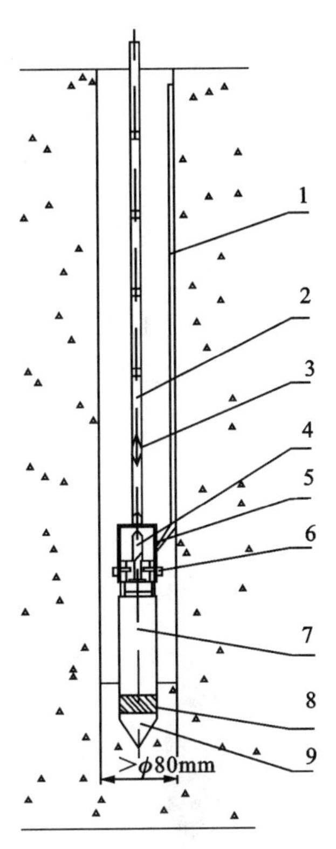

图 5-25　孔隙水压计安装示意图

1—导线；2—安装杆；3—安装杆等径接头；4—出线槽；5—安装套筒；6—定位销(保险丝)；7—孔隙水压计；8—透水筒；9—锥头

10. 土侧压力监测

1)监测目的

通过对基坑周围土体土压力的监测可以分析围护结构周围土体对连续墙不同深度的压力情况，而且结合孔隙水压力的大小，可以推算出土体的有效应力，为围护结构周围土体和连续墙的稳定性提供依据。

2)测点布设

监测点应布设在受力、土质条件变化较大或有代表性的部位，平面布设上基坑每边不宜少于 2 个测点。在竖向布置上，测点间距宜为 2～5m，测点下部宜密；当按土层分布情况布设时，每层应至少布设 1 个测点，且布设在各层土的中部；土压力盒应紧贴围护墙布置，宜预设在围护墙的迎土面一侧。

3)测点埋设要求

(1)确定时间。待成槽且钢筋笼焊接好后，再进行安装。

(2)布点。根据监测设计方案在地下连续墙与土体之间布置监测孔，并确定各个测孔的各测点与测力方向。

(3)安装前辅助工作。准备好安装所需要的布帘、PVC 管、尼龙绳、扎丝。准备好适当导线长度土压力盒待装。

(4)安装(采用挂布法)。取好 1/3～1/2 槽段宽度的布帘,在布帘上缝制好放置土压力盒的口袋,把土压力盒放入后封口固定,将布帘平铺在测试点、钢筋笼近土面一侧的外表面;土压力盒受力面向钢筋笼外侧,通过纵横分布绳索,将布帘固定在钢筋笼上,土压力盒测试导线沿钢筋主筋引至墙顶,用扎丝固定;在土压力盒安装部位,应将导线预留 20cm,以防混凝土浇筑时,侧压力将土压力盒与导线连接处拉断,损坏土压力盒,导致安装失败;布帘随钢筋笼一起吊入槽孔,放入导管浇筑水下混凝土,并用测试仪进行监测,由于混凝土在布帘内侧,利用流态混凝土的侧面挤压将布帘及土压力盒一起压向土层,随水下混凝土液面上升所造成的侧压力增大使土压力盒与土层垂直表面密贴;通过测试仪测试压力盒的压力读数,确定压力盒安装是否成功。土压力盒安装示意图如图 5 - 26 所示。

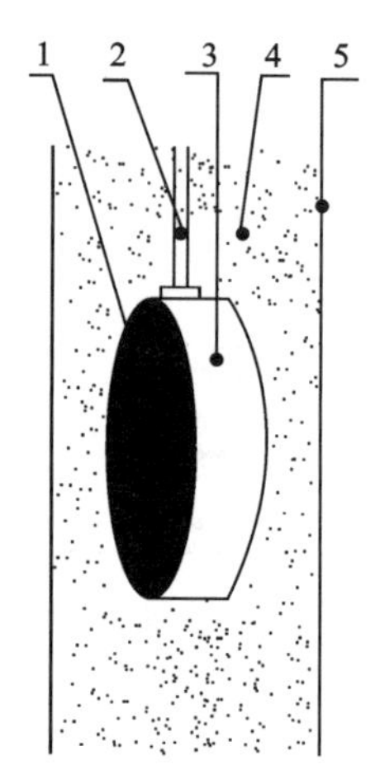

图 5 - 26　土压力盒安装示意图

1—承压膜;2—导线;3—压力盒;4—布帘;5—连续墙

(5)导线保护。将土压力盒测试导线套上 PVC 管进行保护,记录好土压力盒安装位置及土压力盒编号,并派专人看管,以防导线因施工而破坏。

(6)校零。待混凝土完全固结后,将土压力盒调零。

11. 深层水平位移监测

1)监测目的

监测目的为了解基坑开挖施工过程中,围护墙和土体在各深度上的水平位移情况。

2)测点布设

一般选取中间部位、阳角处、围护结构受力和变形较大处布设监测点,并在周边有重要监测对象时加密测点。监测点水平间距为 20～50m,每边监测点数目不应少于 1 个。同时可根据连续墙的浇筑高度决定深度。测孔在桩或连续墙体内,测孔深度取决于便于测斜管绑扎的墙钢筋笼的深度。

3)测点埋设要求

围护墙体土体变形监测,采用测斜管进行测量。设置在围护墙内的测斜管深度不宜小于围护墙的入土深度。围护墙体测斜管埋设时采用绑扎法,将测斜管在现场组装后绑扎固定在墙钢筋笼上,管底与钢筋笼底部持平或略低于钢筋底部,顶部到达地面(或导墙内),管身每1.5m绑扎1次。测斜管随钢筋笼一起下到孔槽内,并将它浇筑在混凝土中,浇筑之前应封好管底底盖并在测斜管内注满清水,防止测斜管在浇筑混凝土时浮起,并防止水泥浆渗入管内。

埋设过程中要避免管子的旋转,在管节连接时必须将上、下管节的滑槽严格对准,以免导槽不畅通。埋设就位时使测斜管的一对凹槽垂直于测量面(即平行于位移方向)。测斜管固定完毕或混凝土浇筑完毕后,用清水将测斜管内冲洗干净。由于测斜仪的探头是贵重仪器,在未确认导槽畅通可用时,先用探头模型放入测斜管内,沿导槽上下滑行一遍,待检查导槽是正常可用时,方可用实际探头进行测试。埋设好测斜管后,需测量测斜管十字导槽的方位、管口坐标及高程,要及时做好保护工作,如在测斜管外局部位置设置金属套管保护,在测斜管管口处砌筑窨井并加盖。

测斜管应在正式测读前1个月安装埋设完毕,然后重复监测几次,待稳定后正式进行监测。

4)观测方法

观测方法:将测斜探头插入测斜管,使滚轮卡在导槽上,缓慢下至孔底,测量自孔底开始,自下而上沿导槽全长每隔0.5m测读1次,每次测量时,应将测头稳定在某一位置上;测量完毕后,将测头旋转180°插入同一对导槽,按以上方法重复测量。两次测量的各测点应在同一位置上,此时各测点的两个读数应是数值接近、符号相反的值。如果对测量数据有疑问,应及时复测。基坑工程中通常只需监测垂直于基坑边线方向的水平位移,但对于基坑阳角的部位,就有必要测量两个方向的水平位移,此时,可用同样的方法测另一对导槽的水平位移,水平位移的初始值应是基坑开挖之前连续3次测量无明显差异读数的平均值,或取开挖前最后一次的测量值作为初始值。需在测斜管孔口布设地表水平位移测点,以便必要时根据孔口水平位移量对深层水平位移量进行校正。

5)数据处理

将测斜管划分为若干段,由测斜仪测量不同测段上测头轴线与铅垂线之间的倾角θ,进而计算各测段位置的水平位移,如图5-27所示。

由测斜仪测得第i测段的应变差$\Delta\varepsilon_i$,换算得该段的测斜管倾角θ_i,则该测段的水平位移δ_i为

$$\sin\theta_i = f\Delta\varepsilon_i \tag{5-9}$$

$$\delta_i = l_i\sin\theta_i = l_i f\Delta\varepsilon_i \tag{5-10}$$

式中:δ_i——第i测段的水平位移(mm);

l_i——第i测段的管长,通常取为0.5mm、1.0mm;

θ_i——第i测段的倾角值(°);

f——测斜仪率定常数;

$\Delta\varepsilon_i$——测头在第i测段正、反两次测得的应变读数差值的一半,$\Delta\varepsilon_i=(\varepsilon_i^+ - \varepsilon_i^-)/2$。

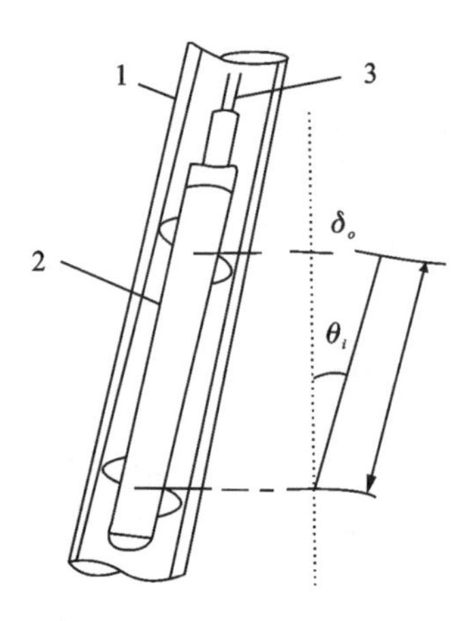

图 5-27 测斜管测量示意图

1—导管;2—测头;3.电缆

当测斜管管底进入基岩或足够深的稳定土层时,则可认为管底不动,作为基准点(图 5-28),从管底向上计算第 n 测段处的总水平位移为

$$\Delta_i = \sum_{i=1}^{n} \delta_i = \sum_{i=1}^{n} l_i \quad \sin\theta_i = f\sum_{i=1}^{n} l_i \cdot \Delta\varepsilon_i \tag{5-11}$$

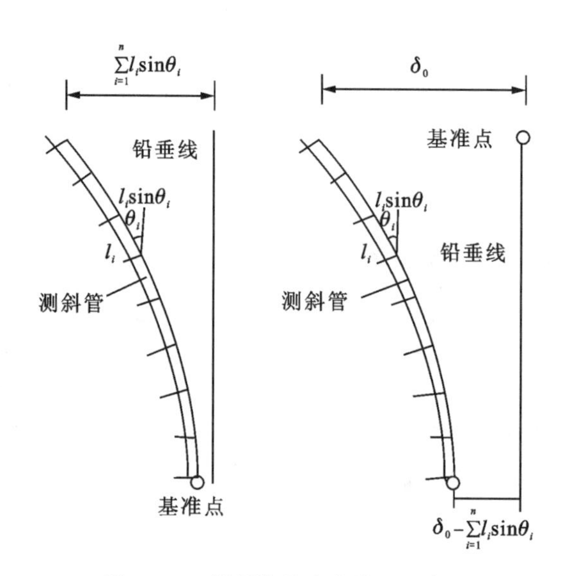

图 5-28 测斜管基准点设置示意图

当测斜管管底未进入基岩或埋置较浅时,可以管顶作为基准点,实测管顶的水平位移 δ_0,并由管底向上计算第 n 测段处的总水平位移为

$$\Delta_i = \delta_0 - \sum_{i=1}^{n} \delta_i = \delta_0 - \sum_{i=1}^{n} l_i \quad \sin\theta_i = \delta_0 - f\sum_{i=1}^{n} l_i \cdot \Delta\varepsilon_i \tag{5-12}$$

由于测斜管在埋设时不可能使得其轴线为铅垂线,测斜管埋设好后,总存在一定的倾斜

或者挠曲，因此，各测段处的实际总水平位移 Δ'_i 应该是各次测得的水平位移与测斜管的初始水平位移之差，即

管底作基准点 $$\Delta'_i=\Delta'_i-\Delta'_{0i}=\sum_{i=1}^{n}l_i\cdot(\sin\theta_i-\sin\theta_{0i})\sqrt{b^2-4ac} \quad (5-13)$$

管顶作为基准点 $$\Delta'_i=\Delta'_i-\Delta'_{0i}=\delta_0-\sum_{i=1}^{n}l_i\cdot(\sin\theta_i-\sin\theta_{0i}) \quad (5-14)$$

式中：θ_{0i}——第 i 测段的初始倾角值(°)。

在监测过程中定期对孔口的位置进行检核，检查测斜管管口的位置是否发生变动。

12. 支撑内力监测

1)钢支撑内力监测

(1)监测目的。了解基坑开挖过程中钢支撑的水平受力情况，及时反馈施工，调整开挖顺序、开挖速度和支撑轴力，并决定是否采用辅助施工措施，以避免支撑因内力过大而被破坏，引起局部围护系统失稳乃至整个围护结构的破坏。

(2)测点布设。对支撑内力较大、受力较复杂的、在整个支撑系统中起关键作用的支撑上布点。钢支撑测点布设在支撑的端头，每个端头布设 1 个传感器。

(3)监测仪器：轴力计。

(4)测点安装要求。安装时将轴力计安装座焊接在钢支撑表面。安装过程要注意轴力计和钢支撑轴线在同一直线上，各接触面平整，确保钢支撑受力状态正常传递到传感器上，如图 5-29 所示。

图 5-29 轴力计安装

(5)观测方法。用轴力计量测时，同一批支撑尽量在每天的相同时间或温度下量测，每次读数均应记录温度测量结果。量测后根据公式换算成轴力值。然后分别绘制不同方向、不同时间的应力曲线，制作形象的应力分布图。在支撑安装时均应跟踪量测，以正确取得初始值和预加轴力值。

(6)数据处理。钢支撑轴力计算公式为

$$F=K(f^2-f_0^2)+b\Delta T+B \tag{5-15}$$

式中：F——钢支撑轴力(kN)；

f——轴力计本次频率；

f_0——轴力计初始频率；

K——轴力计标定系数；

b——轴力计的温度修正系数(kN/℃)；

ΔT——轴力计的温度实时测量值相对于基准值的变化量(℃)；

B——轴力计的计算修正值(kN)。

2)混凝土支撑轴力监测

(1)监测目的。了解基坑开挖过程中支撑的水平受力情况，及时反馈施工，调整开挖顺序、开挖速度和支撑轴力，并决定是否采用辅助施工措施，以避免支撑因内力过大而被破坏，引起局部围护系统失稳乃至整个围护结构的破坏。

(2)测点布设。在混凝土支撑内力较大、受力较复杂的、在整个支撑系统中起关键作用的支撑上布点。混凝土支撑测点布设在支撑长度1/2处，每个截面埋设1个传感器。

(3)监测仪器：钢筋计。

(4)测点安装要求。对于混凝土支撑，钢筋计应绑扎在钢筋笼的主筋上进行预埋，布置时应在同一截面的主筋上对称分布并固定牢固，如图5-30所示。在钢支撑布置焊接时其温度不得高于90℃，并将量测线分股标识清楚，引致地面。

图5-30　钢筋计绑扎

(5)观测方法。用应变计量测时，同一批支撑尽量在每天的相同时间或温度下量测，每次读数均应记录温度测量结果。量测后根据公式换算成轴力值，然后分别绘制不同方向、不同时间的应力曲线，制作形象的应力分布图。在支撑安装时均应跟踪量测，以正确取得初始值和预加轴力值。

(6)数据处理。混凝土支撑轴力的计算公式为

$$N=\frac{AE_c}{A_gE_g}F, F=K(f^2-f_0^2)+b\Delta T+B \tag{5-16}$$

式中:N——混凝土支撑轴力;

A——混凝土支撑截面面积;

A_g——钢筋计截面面积;

F——钢筋计内力;

E_g——钢筋计弹性模量;

E_c——混凝土弹性模量;

f——钢筋计本次频率;

f_0——钢筋计初始频率;

K——钢筋计标定系数;

b——轴力计的温度修正系数(kN/℃);

ΔT——轴力计的温度实时测量值相对于基准值的变化量(℃);

B——轴力计的计算修正值(kN)。

因整个截面既有混凝土也有钢筋,所以使用截面模量和截面面积时应分别考虑混凝土和钢筋,但由于钢筋截面总面积相比支撑截面面积来说极小,为了简便计算,可以忽略。故将整个截面视为混凝土,利用混凝土弹性模量计算截面应力。

13. 围护墙内力监测

1)监测目的

监测目的为了解围护结构内、外侧的受力情况,并及时反馈施工,调整围护结构的支护参数,以避免围护结构支护参数过小导致围护结构的破坏。

2)测点布设

埋设钢筋计时应尽可能和埋设测斜管在同一个断面上,测点纵向间距约 30m,竖向每间隔 4m 在围护结构钢筋笼的迎土面和背土面对称埋设钢筋计。在车站基坑结构施工前要记录钢筋计的初始值,依照设计上的监测频率进行数据采集、处理、备案并进行汇总分析。

14. 周边管线变形监测

1)监测目的

监测目的为根据监测结果,掌握管线的沉降及位移情况,判定地下管线的安全,及时采取有效措施,保证地下管线和施工安全。

2)测点布设

施工时应对距基坑边缘 2 倍基坑深度范围内和地铁结构外沿两侧各 30m 范围内的地下管线进行监测,在管线轴向方向间距为 15m,在管线接头处、端点、转角处应增设测点。根据本工点施工区段实际情况,管线监测在管线改迁时布置监测点。

3)测点制作

管线沉降监测点分为直接监测点和间接监测点。直接监测点布设在管线出露的地方,如检查井内,采用沉降标识。没有出露的地方如钻孔方便,采用钻孔埋设沉降点,通过从地面钻

孔埋入至管顶钢筋的方式埋设测点。埋入管顶的钢筋与管顶接触的部分用砂浆粘合，并用PVC管将钢筋套住，以使钢筋在随管线变形时不受相邻土层的影响。其示意图如图5-31所示。在不宜开挖管线的地方，沉降观测点可用钢筋直接打入地下，其深度与管底齐平以代替。

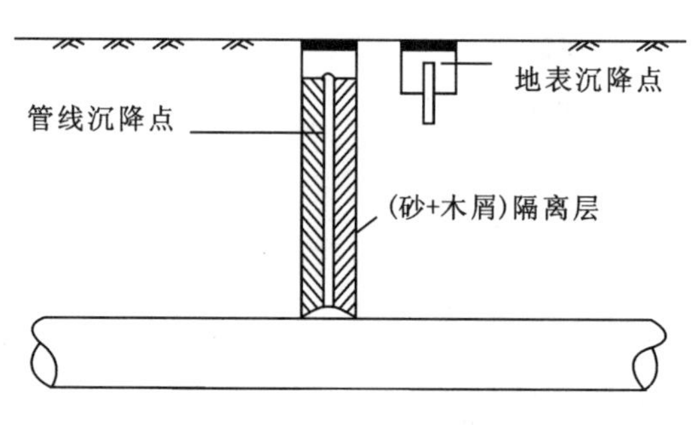

图5-31　管顶沉降的钻孔埋设示意图

4)监测仪器

监测仪器有电子水准仪、全站仪，测试精度为1mm。

15. 建(构)筑物沉降、倾斜及裂缝监测

1)监测目的

线路基坑周围环境复杂，周边建筑物密集，且离施工区距离较近，受基坑施工的影响，周边建筑物可能产生不同程度的沉降、倾斜和裂缝。为确保施工期间建筑物的安全，需要对建筑物的沉降、倾斜进行监测。

监测对象：对距基坑外约2倍基坑深度范围内和地铁结构外沿两侧各30m范围内的建(构)筑物进行监测。

2)测点布设

建(构)筑物沉降点布设于建(构)筑物四角、沿外墙10～15m处或每隔2～3根柱基上，且每边不少于2个监测点；基础类型、埋深和荷载有明显不同处及沉降缝、伸缩缝、新老建(构)筑物连接处的两侧。

3)测点制作

监测点一般埋设于能明显反映建(构)筑物变形的竖向结构上，且便于观测。监测点的制作方法如下。

对于混凝土结构墙体上的观测点，采用在结构上钻孔后埋设"L"形点位标志的方法；测点采用ϕ20mm不锈钢，先用冲击钻在墙柱上成孔，在孔中装入ϕ20mm钢测点，然后在孔内灌注混凝土或锚固剂进行固定(测点固定部位做成螺纹)。点位附近均作上明显标记(标记点号，涂上红油漆)，以便长期保存。建(构)筑物观测点在埋设时应注意避开障碍物并保证有足够的准确立尺的空间，埋设方式如图5-32所示。

4)监测仪器

监测仪器有电子水准仪、全站仪、裂缝观测仪。

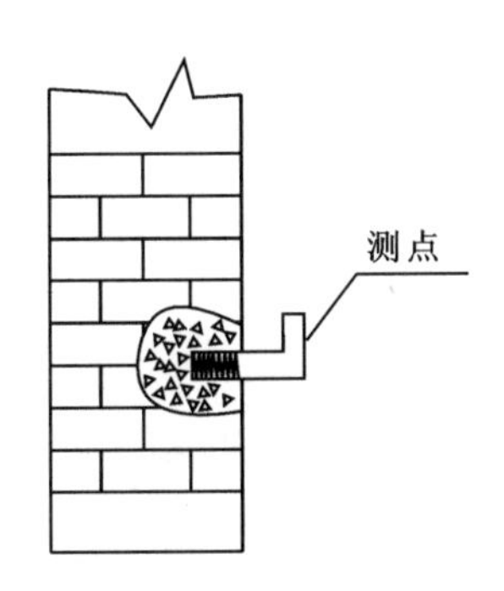

图 5-32 “L”形点位标志埋设示意图

5)观测方法

周边建(构)筑物倾斜的观测方法如下。

建(构)筑物倾斜监测拟采用差异沉降量推算法,如图 5-33 所示,先用电子水准测量仪测定基础两端点的差异沉降量 Δh,再按宽度 D 和高度 h 推算上部的倾斜值。

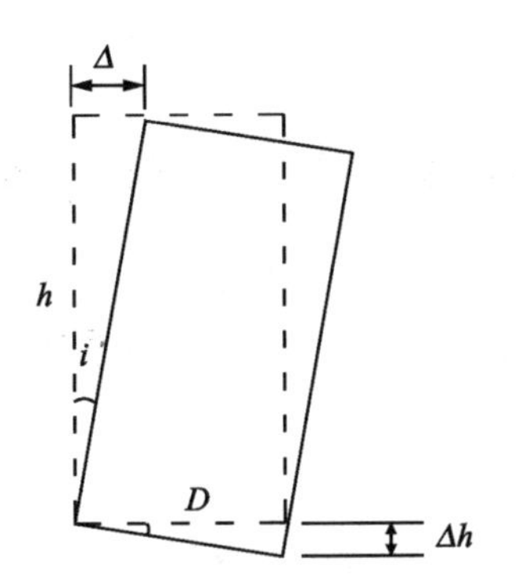

图 5-33 差异沉降量推算法示意图

6)数据处理

设顶部倾斜位移量为 Δ,斜度为 i,则

$$i=\frac{\Delta}{h},\Delta=\frac{\Delta h}{D}\cdot h \tag{5-17}$$

建(构)筑物裂缝监测需记录建(构)筑物已有裂缝的分布位置和数量,测定其走向、长度、宽度及深度;分析裂缝的形成原因,判别建(构)筑物的发展趋势,选择主要裂缝作为观测对象。当裂缝继续发展,可用游标卡尺量出裂缝宽度。定时进行观测,观测频率按两次观测间裂缝发展不宜大于 0.1~0.5mm 及裂缝所处位置而定。

6　施工组织管理生产实习内容

施工组织是根据批准的建设文件、设计文件(施工图)和工程承包合同,对建筑安装工程任务从开挖到竣工交付使用所进行的计划、实施、控制等活动的总称。

6.1　地下工程施工组织设计

施工组织设计:以施工项目为对象编制的,用以指导施工的技术、经济和管理的综合性文件。

6.1.1　施工组织设计的作用

施工组织设计是指根据国家或业主对拟建工程的要求、设计图纸和编制施工组织设计的基本原则,从拟建工程施工全过程的人力、物力和空间3个因素着手,在人力与物力、主体与辅助、供应与消耗、生产与储存、专业与协作、使用与维护、空间布置与时间排列等方面进行科学合理部署,为建筑产品生产的节奏性、均衡性和连续性提供最优方案,从而以最少的资源消耗取得最大的经济效果,使最终建筑产品的生产在时间上达到速度快和周期短,在质量上达到精度高和功能好,在经济上达到消耗少、成本低和利润高的目的。

施工组织设计是科学地组织和指导施工的重要技术文件,是编制计划、进行施工准备和安排施工任务、准备材料和设备、组织施工及考核施工单位技术经济指标的主要依据。

6.1.2　施工组织设计的编制内容

施工组织设计的编制内容,是由文字说明和图表两部分组成,大致包括下列内容。

(1)编制的依据和原则。进行施工组织设计编制时,应以下列资料为基础:①工程施工设计文件和勘察调查资料,包括地形图、测量资料、地质报告和图纸以及地下工程设计图纸和说明书;②国家和部门颁发的有关方针、政策、设计规范、施工及验收规范、预算定额、各项技术经济指标、安全规程、劳动保护及环境保护等文件;③施工企业的技术装备、施工力量、技术水平,以及可能达到的施工机械化程度和工程平均进度指标等;④工程实施的新技术、新工艺、新方法资料;⑤与有关协作单位签订的供电、供水、交通运输及物资供应等合同(协议);⑥市场设备、工具、材料的规格、性能、产地、价格、供求情况;⑦临近工程或类似工程施工技术资料及所遇到的各种问题和处理办法。

(2)建设项目工程概况。建设项目工程概况包括本工程的工作性质、目的任务、经费来源、类型特征与工作量、工程质量、工期与其他特殊要求等。

(3)自然地理经济状况、施工条件和工程地质水文地质条件。自然地理经济状况包括工程所在地区的交通位置、地形地貌、气象、水文情况,可能利用的运输道路、电力、水源及建筑材料等情况,施工场地、弃碴条件以及当地居民点社会状况、生活条件等。工程地质和水文地质特征包括:地层、岩性及地质构造特征,着重阐明地质构造变动的性质、类型、规模;断层、节理、软弱结构面特征及岩体的基本物理力学性质;地下水类型、含水层的分布范围、水量和补给关系、水质及其对混凝土的侵蚀性等;特别是影响工程进度的不良地质和特殊地质现象(流砂、岩溶、人为坑洞、滑坡等),当工程通过含有害气体或有害矿体的地层时,应说明其分布范围、成分和含量。

(4)施工准备工作计划。施工准备是整个工程建设的序幕,也是整个工程按期开工和顺利开展的重要保证。地下工程项目施工准备工作通常包括技术准备、物资准备、劳动组织准备、施工现场准备和施工场地准备。施工准备工作计划应详细阐明各项施工准备工作的要求。

(5)施工方案和施工方法。施工方案和施工方法的选择既包括整个单位工程施工方案和施工方法的选择,也包括各项作业方法的选择。

(6)施工进度计划。施工进度计划包括施工总进度计划和阶段计划。

(7)施工场地布置。施工场地布置包括施工运输、辅助企业(附属工厂、仓库及风、水、电的供应)、临时生活设施及施工临时建筑等的布置。

(8)主要施工技术措施。

(9)施工安全、质量和节约等组织技术措施。

(10)资源需要量计划。资源需要量计划包括建筑材料、设备、各类人员、水、电、气等。

(11)各项技术经济指标。

(12)各类图表,包括:①交通位置图和工程布置图;②工程穿过岩层的地质预计剖面图;③各类硐室、竖井、斜井的平面图、断面图及断面布置图;④施工工序图、施工网络图、施工组织进度图;⑤钻爆施工图;⑥施工场地布置图,包括永久和临时建筑物、工棚仓库、材料堆放场地、设备布置位置、炸药库、弃碴场、调车场、料场、混凝土搅拌站、轧石系统、交通道路、风水电设施及管线、排水系统等,另外对于竖井和斜井,还应包括地表卸碴系统图和卷扬或提升系统图;⑦人员组织机构图、工班劳动力的组织循环图及劳动力需求表;⑧不同类型工程工作量合计表;⑨施工设备、工具、仪表需用量计划表,主要材料需用量计划表;⑩主要技术经济指标汇总表。

6.1.3 施工组织设计的编制

施工组织设计由中标的施工企业编制,编制时必须以合同工期的要求和相关规定为基础,并广泛征求各协作施工单位的意见。对结构复杂、条件差、施工难度大或采用新工艺、新技术的项目,要进行专业性研究,通过专家审定,报业主审批后采用。

编制施工组织设计可按下述步骤进行。

(1)调查分析工程地质、水文地质及工程施工设计等基本资料,掌握工程特性和施工条件,做好设计基础工作。

(2)根据建设方规定的工程总工期或合理工期,按照经验或本单位实际情况与施工方案初定实际工期。

(3)根据工程总布置要求,选择确定工作面数量。

(4)确定洞口及施工支洞的数量及布置、辅助工程、对外交通、风水电及混凝土系统的布置和工程量。

(5)在此基础上核算各工作面的开挖、衬砌、锚喷、清理等主要工程工期,合计总工期,分析是否满足计划工期要求。若不满足,必须重新确定施工方案或工作面数量,直到满足为止。

(6)计算材料、施工设备、劳动力和工程费用及工期等。

(7)选择各工作面的开挖与衬砌支护的施工方法及临时支护结构。

(8)编制开挖作业循环图和衬砌作业流程图。

(9)编制工程施工进度计划和工程量、材料、设备、劳动力计划。

(10)编制施工平面图。

(11)编制设计报告。

整个设计编制程序如图 6-1 所示。

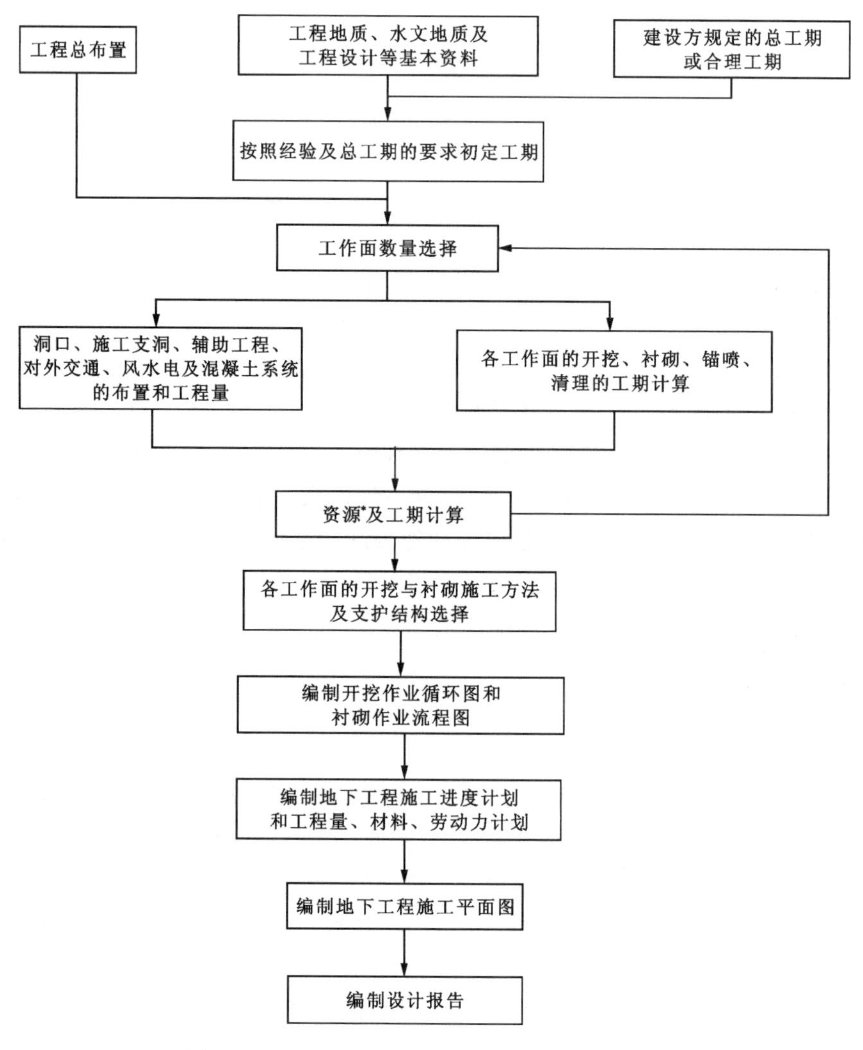

图 6-1 地下工程施工组织设计编制步骤示意图

(注:*资源为材料、施工设备、劳动力和工程费用数量的统称)

6.2 施工方案

编制施工组织设计,关键是确定合理的施工方案。施工方案带有全局性和前瞻性,包含关键的施工技术和施工组织措施,其合理性将直接影响工程的施工效率、质量、工期和技术经济效果,是使工程施工达到高效、快速、优质、低耗、安全要求的重要保证。

6.2.1 施工方案的定义

施工方案是对单位工程或分部分项工程所需要的人工、材料、机械、资金、方法等可变因素的合理安排。

地下建筑工程施工,可分为开挖(包括钻爆与装运岩石)、支护(包括临时、永久性支护和衬砌)、安装三部分工作。所谓地下工程施工方案,即指工程施工过程中这 3 项工作在时间和位置上的安排关系或安排计划。施工方案在工程施工中起行动指南作用,每项工程无论规模大小,都要认真地研究和确定。

6.2.2 施工方案确定的依据

每个施工方案都适合于一定的条件,结合具体条件才能分清方案的优缺点,以便取舍。在确定方案时,考虑的因素越多,方案适应性越强,方案越佳。确定施工方案,主要考虑工程类型、施工条件(包括工程地质和水文条件)、施工要求(包括质量、工期或进度、工程费用等)等方面的因素。具体来讲,施工方案确定的依据如下。

6.2.2.1 工程类型与用途

在相同地质条件下,不同类型、不同用途的工程,因其工作要求不同而需选择不同的施工方案,反应在施工方案的差异主要是支护衬砌方案不同。在地质条件相同的场合,对围岩稳定性的要求越高,支护费用(包括勘察、支护的设计和建筑)越高。这里,因工程类型和用途的不同发生支护费用的改变或施工方案的改变,既有安全系数上的考量,又有工程目的和工程服务要求上的考量。

6.2.2.2 地形、地质和水文条件

(1)地形地理条件。如工程所处的地点、交通情况、施工点海拔等是否有利于设备的进出与使用及材料的运输,生活居住条件、供水、通风能否满足要求,硐(井)口的出碴条件、取材(建筑材料)条件是否方便。

(2)地质和水文条件。工程地质和水文地质条件是确定施工方案的重要依据之一,在某种程度上对施工方法的选择起决定性作用。在选择方案前应进行地质勘察,查明表土和岩层性质及水文情况,据此并结合其他条件来确定施工方案和方法;在施工过程中,还需要跟踪收集施工信息,并做好超前预报工作,根据变化的工程地质和水文地质情况随时对施工方案做出调整。

6.2.2.3 工程规模与掘进断面

一般来说,工程规模越大,投入的设备越多,机械化程度越高,技术性越强,因而确定方案的难度越大,有时需要靠现代管理科学理论与方法和计算机来帮助。这里,工程规模大小,不但指巷道或竖斜井的数量和工作量多少,而且指巷道或竖斜井的长短或深浅(独头),因为后者对施工方案、施工方法的选择影响很大。

掘进断面同样是选择的重要依据之一。不同的断面,其开挖方法、支护方法及选用设备不尽相同,施工组织也有差异。

6.2.2.4 工程工期、质量要求和造价情况

对于承包工程,确定的施工方案首先要满足工期与质量要求,由工期和质量来确定进度指标,进而来确定施工方法,选用设备与材料。工程总工期一般由设计单位确定,它是根据建设方的要求,在不超过现有最佳施工能力前提下确定的,施工方确定的施工工期不应超过总工期。质量标准(设计方提出特殊质量标准除外)一般由国家或各部门制定。所以,确定施工方案与方法应将工期和质量作为重要依据。

工程造价对选择施工方案与施工方法也有一定影响,因为确定方案的原则之一是经济合理。在激烈的市场竞争中,当造价过低时,不得不考虑采用特殊措施,如加快施工进度、精减施工人员或设备、采用先进工艺和设备等。

6.2.2.5 施工能力

对于确定施工方案,若把上述因素看成外部因素,施工能力则可看成内部因素,确定施工方案时应以施工能力为基础。要充分考虑施工队伍的特点、状态、技术能力、装备状况、施工经历,以便有针对性地选用施工方案。

另外,国内外的施工能力、工程竞争情况、竞争对手情况、工程承担的风险、建设方的资金情况等都是选择施工方案时须考虑的因素。

6.2.3 选择施工方案的原则

选择并确定施工方案,应做到技术上可行并有一定的先进性,经济上合理,管理科学,施工速度快,容易保证质量和安全。总的原则应符合快速、优质、安全、经济及均衡生产的要求。

6.2.3.1 快速的原则

对于每一项工程,尽快完成施工任务是基本要求之一,在人力、物力和条件允许的情况下,按期并提前完成任务是选择并确定施工方案的前提之一,也是保证良好经济效益的前提之一。快速施工涉及的因素很多,除各项施工程序如钻眼爆破、装运、支护、浇筑等达到快速施工外,各程序之间次序安排、时间安排都要恰当合理,衔接自然,尽可能地减少辅助时间,尽可能多地利用平行作业。

快速施工还要依托先进的施工设备、可靠的材料、合理的劳动组织结构和科学的管理方式,形成一个快速高效的系统。若在整个系统中,只重视某一部分或某一施工程序,顾此失

彼，则必然不能制定好一项快速的施工方案。

当然，制定快速施工方案与外部因素也有关系，如材料和资金来源的落实情况、施工前的准备工作程度、自然灾害的影响、其他单位施工时的干扰、施工方和建设方的合作情况等。这些因素也是制定施工方案要考虑的内容。

6.2.3.2　优质的原则

工程施工质量必须合格，并尽可能地达到优质标准，这是施工的基本要求。在制定施工方案与施工方法时，首先要对照并满足国家或部门制定的有关质量验收标准，还要满足工程设计中提出的特殊质量标准要求，并围绕这些标准来确定施工方法，切不可盲目地自行一套。我国各部门因地下工程的用途不同，相应制定了各自的质量标准，确定方案时应根据工程类型选用相应标准。

要满足施工质量，必须有一套相应措施，有时也涉及到设备的选型、施工方法的改变、劳动组织与管理等。而且不能先确定何种施工方法和管理组织，再来分析这种方案达到什么质量标准，而是要先以合适的质量标准来选择施工方案。

6.2.3.3　安全的原则

任何一种施工方案都必须保证安全施工，特别在确定选用爆破器材、爆破方法、通风设备与通风时间、设计支护方法与支护时间时，要充分满足安全要求，不可违章确定施工方案和施工方法。

安全生产与快速施工并不矛盾，两者可以辩证地结合在一起，即在安全的条件下追求快速施工，在快速施工时注意安全。若片面地追求快速施工，忽视安全生产，势必达不到快速施工的效果。另外，还要建立安全生产制度和组织，从管理上确保安全生产。

6.2.3.4　经济的原则

地下建筑工程作为商品社会的一种商品，采用一种特殊的出售方式——投标。参与施工的企业间为取得生产权，互相竞争。竞争的结果，除满足工期及质量要求外，必须达到最合理的低价款承包。所以，确定科学合理的施工方案和施工方法至关重要。企业不但要以较低价款维持施工，而且还要获得一定比例的利润。

快速、优质、安全的施工方案确实是经济方案的重要内容，但有时却非最经济方案。如花上大笔费用采购某种昂贵的施工设备，虽然能达到快速、优质、安全的要求，但却不经济。如改用现有的普通设备稍加改进并跟上其他措施也基本能满足要求，就显得经济合理。另外，还要针对工程特点选择适当的方案，如工区交通不便，或有流动性，则应选择灵活轻便的设备。因此，先进合理的施工方法和科学的管理措施，是施工方案经济合理的根本保证。

总之，选择经济合理的施工方案要与现实状况结合，不能纸上谈兵。要把本企业的人力、物力、财力最大限度地发挥起来。另外，还要不断了解市场行情和国内外最新科技动态，尽量合理利用新技术、新工艺、新设备。

6.2.4 施工方案的主要内容

地下工程施工方案的主要内容一般包括施工顺序、施工方法、施工机械设备的选择、施工流水组织、施工方案的技术经济评价等。

6.2.4.1 确定施工顺序

确定施工方案、编制施工进度计划时首先应该考虑选择合理的施工顺序，它对于施工组织能否顺利进行、保证工程进度和工程质量，都起着十分重要的作用。

工程的施工顺序确定的依据包括工期要求、地下结构的特点、资源供应等情况，并要做到在施工工艺和施工组织上可行，符合施工方法的技术要求，满足工程质量、安全的要求，考虑了工程所在地气候、环境和地质的影响等。

在决定施工顺序时，要依据具体情况来确定地表工程和地下工程的关系，并确定单项工程详细的施工顺序。如灌注桩基础施工顺序为：场地平整→选择桩机→设备测量桩位→安放护筒→钻机定位→钻进成孔→第一次清孔→钢筋笼吊放→下导管→第二次清孔→浇筑水下混凝土→拔除护筒→钻机移位→自然养护→挖土→桩身检测→做基础承台。

6.2.4.2 施工方法

施工方法选择时应遵循如下原则。

(1)主要考虑主导施工过程的施工方法。所谓主导施工过程一般是指工程量大、在施工中占重要地位的施工过程，施工技术复杂或采用新技术、新工艺、新结构以及对工程质量起关键作用的施工过程。如隧道施工中的开挖和支护施工，岩体开挖中的爆破、土方开挖工程施工，地下管道施工的盾构、顶管工程的施工等。

(2)与工程地质、水文及地形条件等相匹配。

(3)满足施工技术的要求。

(4)提高机械化施工程度，充分发挥机械效率。

(5)充分考虑安全、先进、合理、可行、经济等因素。

一般来讲，地下工程的总体施工方法，在工程的设计阶段就应基本选定。

6.2.4.3 施工机械的选择

1. 施工机械选择的注意事项

施工机械的选择对施工效率、工程质量、生产安全与成本等具有决定作用，尤其在机械化施工作为实现建筑工业化的重要因素的情况下，施工机械的选择将成为施工方法选择的中心环节。在实际选择时应注意以下几点。

(1)选择主导施工过程的施工机械，应根据工程的特点决定其最适宜的机械类型。

(2)选择与主导施工过程中施工机械配套的各种辅助机械和运输机具时，应使它们的生产能力协调一致，并且保证有效地利用主导施工机械，充分发挥主导施工机械的效益。

(3)应充分利用施工企业现有的机械，并在同一工地贯彻一机多用的原则，提高机械化和自动化程度,尽量减少手工操作。

(4)工程施工工序的组织。工程施工工序的组织是施工方案编制的重要内容,是影响施工方案优劣程度的基本因素,在确定施工工序时,一般根据工程特点、性质和施工条件,主要解决流水段的划分和流水施工工序的组织方式两方面的问题。首先是流水段的划分。正确合理划分施工流水段,是组织流水施工的关键,它直接影响到流水施工的方式、工程进度、劳动力及物资的供应等。其次是流水施工工序的组织方式。在组织流水施工时,应根据工程特点、性质和施工条件组织全等节拍、成倍节拍和分别流水等施工方式。

若流水组中各施工过程的流水节拍大致相等,或者各主要施工过程的流水节拍相等,在施工工艺允许的情况下,尽量组织流水组的全等节拍专业流水施工,以达到缩短工期的目的。

若流水组中各施工过程的流水节拍存在整数倍的关系(或存在公约数),在施工条件和劳动力允许的情况下,可以组织流水组的成倍节拍专业流水施工。

若不符合上述两种情况,则可以组织流水组的分别流水施工,这是常见的一种组织流水施工的方法。

6.2.4.4　施工方案的技术经济评价

施工方案的技术经济评价一般是从技术和经济的角度,进行定性和定量分析,评价施工方案的优劣,从而选取技术先进可行、质量可靠、经济合理的最佳方案。

定性分析中不进行准确的数据计算,只是对优缺点作一般的分析和比较。定性分析的内容通常有施工操作的难易程度和安全可靠性,为后续工程提供有利施工条件的可能性,不同季节施工带来的困难,能否为现场文明施工创造有利条件。

定量的技术经济分析一般是计算出不同施工方案的工期指标、劳动生产率指标、工程质量指标、安全指标、降低成本率、主要工程工种机械化程度及三大材料(水泥、木材、钢材)节约指标的具体数值,然后进行比较分析。

6.3　工程进度计划

工程进度计划是施工组织设计的另一重要组成部分,它是在施工方案已经确定的基础上,决定着各项工程的施工顺序、各工序的施工持续时间及整个工期,并且还是编制劳动力、材料和机具设备供应计划的依据。

工程进度计划的编制是以施工作业方式为基础。

6.3.1　施工作业方式

目前在地下工程中采用较多的施工作业方式主要有顺序作业、平行作业和流水作业。

6.3.1.1　顺序作业

施工顺序作业受施工方案的制约,一旦确定了施工方案,顺序也就确定了。不同的工程项目,有着其固有的施工技术规律和合理的顺序关系,如隧道修建的施工顺序为:放样→打眼→装药→爆破→通信→处理危石→出碴→支护,这是一个循环。顺序作业按这一施工技术规律来组织。

6.3.1.2 平行作业

对于施工工艺、工序相同的线形工程(如隧道),为缩短工期,可同时开拓多个工作面,按同样的施工工序同时平行进行作业。这种作业方式的优点是能缩短工期,但配置的设备和施工人员多。

6.3.1.3 流水作业

流水作业是一种科学组织生产的方法,它确立在分工、协作和大批量生产的基础上。施工进度计划的设计和编制应当以流水作业原理为依据,以便使生产有鲜明的节奏性、均衡性和连续性。

1. 流水作业法的实质

流水作业法的实质指将整个建造过程分解为若干施工过程或工序,每个施工过程或工序分别由固定的工作队负责完成;把建设对象尽可能地划分为劳动量大致相等的施工段;确定各施工队在各施工段上的工作持续时间(称为流水节拍);各施工队按一定的施工工艺,配备相应的机具,依次连续地由一个施工段转移到另一个施工段,反复地完成同类工作;将不同的作业队完成工作的时间适当搭接起来。

2. 流水施工的分类

组织流水作业的基本方式有3类,即等节奏流水、异节奏流水和无节奏流水。

(1)等节奏流水。其特征是在组织流水的范围里,各施工队在各段上的流水节拍相等。在可能的情况下,要尽量采用这种流水方式,因为这种方式能保证工人的工作连续、均衡、有节奏。

(2)异节奏流水。其特征是每一个工作队在各流水段上的工作延续时间(节拍)保持不变,而不同的工作队的流水节拍却不一定相等。几个施工过程的流水节拍如果能成为某一个常数的倍数,则可组织成倍节拍流水施工。

成倍节拍流水作业组织图是按全等节拍流水作业组织的。如甲工序的流水节拍为2,乙工序的流水节拍为6,丙工序的流水节拍为4,都是2的倍数,故其流水步距为2。各工序要投入的作业队数为流水节拍与最大公约数相除的商,即:甲工序1个队,乙工序3个队,丙工序2个队。

(3)无节奏流水。有时由于受各段工程量的差异或工作面限制,所能安排的人数不相同,使各施工过程在各段及各施工过程之间的流水节拍均无规律性,这时,组织等节奏流水作业或异节奏流水作业均有困难,则可组织分别流水。分别流水的特点是允许施工面有空闲,且要保证各施工过程的工作队连续作业,而且要使各工作队在同一施工段上不交叉作业,更不能发生工序颠倒的现象。

6.3.2 水平图表

水平图表是工程施工中广泛采用的流水作业图表，简明、直观、易于了解(图 6－1)。其编制过程如下。

6.3.2.1 确定施工过程项目

单位工程是由许多工种工程或单项作业组成的，编制工程进度计划时，首先应根据施工图和采用的定额手册的项目划分，按施工顺序，将各单项作业详细列出。列施工项目时，通常应按顺序列成表格，编排序号，核查是否遗漏或重复。凡是与工程对象施工直接有关的内容均应列入。项目划分的粗细要和定额手册的项目划分相一致，以便直接套用定额手册。

6.3.2.2 计算工程量

计算工程量是指按所列施工项目，列表逐项计算工程量。工程量计算可按设计图纸中注明的尺寸照实计算。计量单位应与定额手册中的计量单位相一致。

6.3.2.3 确定劳动量和施工机械台班数量

工程量计算完以后，必须根据相关劳动定额计算每一单项作业需要的劳动量。当采用机械施工时，还要根据机械台班定额计算需要的机械台班数量。套用定额时要考虑到作业人员的实际技术水平和具体的施工条件，必要时应对定额作适当的调整，这样可以使得所制订的进度计划更加切合实际。

6.3.2.4 确定各施工过程的持续时间

劳动量和机械台班量确定之后，便可计算各单项作业的持续时间，一般以天为单位表示。持续时间的长短与参加作业的人数、机械台数以及每天的施工班数有关。计算施工过程持续时间，首先根据工期要求、工程性质和特点以及施工条件来确定每天工作班数。施工人数和机械台数一般根据本单位现有职工人数和可使用的机械台数为依据进行计算。

$$T=L/(m\times n) \tag{6-1}$$

式中：T——施工过程持续时间；

L——完成该施工过程总劳动量(或机械台班量)；

m——每天工作班数；

n——参加施工人数(或机械台数)。

当计算出来的持续时间过长，而工期要求较紧时，就要考虑设法增加作业人数，或增加工作班数(当原来只工作 1～2 班时)，或者增加机械台数和机械的工作班数。

6.3.2.5 画出施工进度表和决定施工工期

在各施工过程的持续时间确定之后，便可安排进度，绘制施工进度表。首先，按施工顺序排列施工过程，然后考虑各施工过程尽可能平行作业，即要把进度线搭接起来，这样可大大缩短工期。此外，还应找出采用较大型机械和耗费劳动量最多的施工过程，也叫做主导施工过

表 6-1　单位工程进度计划(水平图表)

序号	分项工程名称	工程量		定额	需要劳动量	劳动组织		机械设备	每天工作班数	工作持续天数	进度																																																					
		单位	数量			工种	每班人数				三月			四月			五月			六月			七月			八月			九月			十月			十一月			十二月			一月			二月			三月			四月			五月			六月			七月			八月		
											上旬	中旬	下旬	上旬	中旬	下旬	上旬	中旬	下旬	上旬	中旬	下旬	上旬	中旬	下旬	上旬	中旬	下旬	上旬	中旬	下旬	上旬	中旬	下旬	上旬	中旬	下旬	上旬	中旬	下旬	上旬	中旬	下旬	上旬	中旬	下旬	上旬	中旬	下旬	上旬	中旬	下旬	上旬	中旬	下旬	上旬	中旬	下旬	上旬	中旬	下旬	上旬	中旬	下旬
1	1号口洞口接近道路																																																															
2	1号口暂设工程																																																															
3	2号口洞口接近道路																																																															
4	2号口暂设工程																																																															
5	1号口切口开挖																																																															
6	2号口切口开挖																																																															
7	1号口引洞开挖																																																															
8	2号口引洞开挖																																																															
9	主洞导坑开挖																																																															
10	主洞扩大开挖																																																															
11	1号口引洞衬砌																																																															
12	2号口引洞衬砌																																																															
13	主洞衬砌																																																															
14	防水隔潮工程																																																															
15	硐室地坪																																																															
16	设备安装																																																															
17	1号口伪装																																																															
18	2号口伪装																																																															

程，注意使其他施工过程和主导施工过程很好地协调和搭接。由于各施工过程的持续时间用水平进度线的长短表示，所以这种计划图表叫做水平图表。

6.3.2.6 调整进度计划

初步编制施工进度计划后，必须检查其施工顺序是否合理，工期要求是否满足，劳动力、材料、机械的使用是否均衡。为了检查劳动力是否均衡，还可作劳动力平衡图。对有几个单位工程同时施工的工程来说，应将所有单位工程一起考虑，看总的劳动力、主要机械的使用是否均衡。

需要调整计划时，可适当地增加或缩短某些施工过程的持续时间，或适当地提前或推后某些施工过程的开工时间，在条件允许时，尽量组织平行作业。

6.3.3 竖向图表

这种进度计划是以各个单项作业的循环作业图表为基础编制的。图表的水平轴表示硐室长度，竖轴表示施工日期，各单项作业则以不同图例形式的线条表示。

各作业线对水平轴的斜率即表示该项作业的施工速度。这种进度图表中表示施工日期的不是水平轴，而是竖轴；进度线条也不是水平线条，而是斜向线条，所以这种图表叫做竖向图表(图 6-2)。

竖向图表编制方法：首先找出决定工程进度的主要工程(或工序)，然后根据主导施工工序循环作业图表确定作业持续时间，并在工程进度图表上画出该工序的作业线条；根据在施工中使各项作业按一定的间隔均衡地向前推进的原则，图表上其他各作业线可按一定间隔，大致保持平行；为了保证各项作业均衡地推进，必须把各项作业的循环时间配成不同的倍数或比例，以保持协调。

在工程进度图表上引一条水平线与各作业进度线条相交，就可以确定该时间沿硐室长度方向上各作业的分布情况并确定所需劳动力数量，从而也就可以画出该工程的劳动力计划图表。同样，还可以绘出每一阶段的主要材料耗用量和主要机械耗用量的计划图表。

6.3.4 网络图

网络图又叫做流线图，这是一种用统筹方法编制的施工进度计划形式。

6.3.4.1 统筹法编制进度计划

统筹法的核心是将千头万绪的任务或工序繁纷的工程，经过周密分析和统筹安排建立成网络模型——网络图，再通过系统的数学计算，从中找出对完成整个工程起关键性作用的线路。这条线路又叫做主要矛盾线，构成这条线路的工序就叫做主导工序(或关键工序)。这样，就为完成整个工程指出了工作的重心和方向，有利于对计划进行有效的检查、调整和控制。

工程网络计划的编制要点是弄清逻辑关系、讲究排列方法、计算必须准确、关键线路突出、仔细研究并调整。

网络计划的表达形式是网络图。网络图是由若干个代表工程计划中各项工作的箭线和连接箭线的节点所构成的网状图形。它用一个箭线表示一个施工过程，施工过程的名称写在

表 6－2　单位工程进度计划(竖向图表)

纵断面略图

1990 1980 1970 1960 1950 1940

1＃钻眼　2＃钻眼　3＃钻眼

黄土质砂　递降性黄土　黄土质黏土　递降性黄土　砖

里程	百米标 公里	956	957	958	959	960	961	962	963	964	965	966
建筑	长度											
线路	曲线											
情况	坡度											
地质及水文概况												
开挖方法及进度												
衬砌情况												
工程	土石方											
数量	衬砌											

建筑年代　月份：2　1　12　11　10　9　8　7　6　5

开挖程序略图

进度图例

序号	名称	符号
1	备料	----
2	洞外土石方	〰〰
3	上导坑	─┴─
4	下导坑	─┬─
5	刷帮	∽
6	挖底	─·─
7	砌拱圈	─··─
8	砌边墙	─●─
9	仰拱及水沟	∽
10	灌浆	─○─
11	洞门	═

共计
136 896.2m³
8 842.5m³

劳动力图

平均出人工数633

8　189　444　609　849　951　1128　1148　1140　1120　980　776　603　363　261　784　84

洞外明挖劳动力

200　400　600　800　1000　1200

箭线上面，施工持续时间写在箭线下面，箭尾表示施工过程开始，箭头表示施工过程结束。

用统筹法编制进度计划的步骤可归纳如下。

(1)对所计划的工程进行深入的分析和研究，根据制定的施工方案，拟出为完成该项工程所必需的施工过程，并确定其最合理的施工顺序。

(2)根据所确定的施工顺序，绘制出网络草图。

(3)根据工程量、劳动力、施工机具情况，计算各施工过程的作业时间(即各施工活动消耗时间)。

(4)计算有关时间参数。

(5)确定关键线路和总工期。

(6)检查调整计划。检验所确定的工程总工期是否符合合同规定的建设期限。若不符合，应首先从关键线路进行调整。调整的方法：一是通过技术革新，缩短关键工序的作业时间；二是通过改变施工活动的划分，使顺序开展的活动改变为平行或搭接进行。

(7)绘制正式的网络图，关键线路用粗线条表示。为便于指导施工，可在每一节点上注明日期，在箭头线上还可以标注工效要求或形象进度等说明。

图 6-3 所示为某个单位硐室工程的网络图。该工程导洞开挖与硐室扩大相互搭接施工。全洞开挖完后再进行硐室衬砌。衬砌(包括仰拱)施工时，仰拱和硐室衬砌的模板、钢筋、混凝土等项施工过程也采用相互搭接施工的方式。

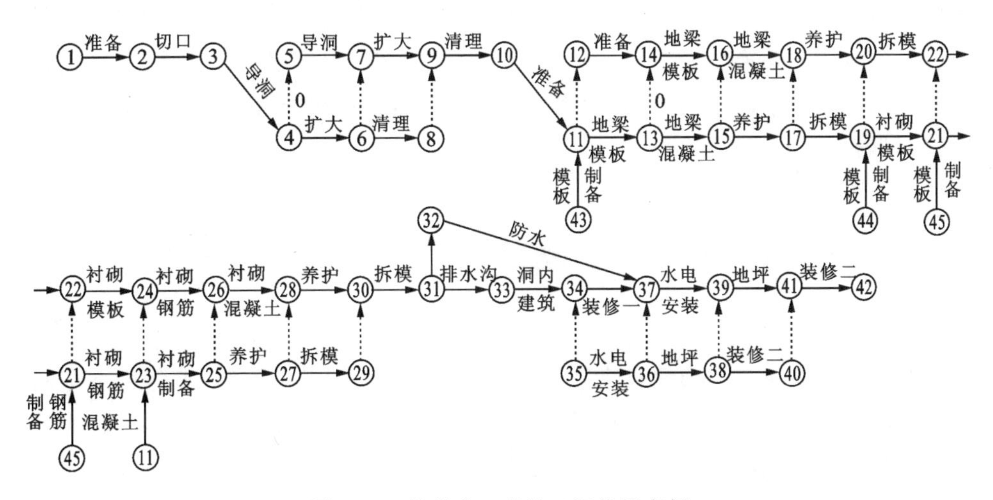

图 6-2 某单位工程施工网络图实例

6.3.4.2 网络图形式的施工进度计划的优点

与水平图表、竖向图表形式的施工进度计划相比，网络图形式的施工进度计划有以下优点。

(1)施工过程间的关系明确，展开顺序表达清楚，一目了然。

(2)它指出了完成整个工程的主要矛盾或关键环节，从而有利于对计划的有效控制。由于网络图中每项活动都需要消耗一定的资源，即可根据编好的网络图编制该工程的劳动力、材料、机具的计划需用量。

6.3.5 主要材料、机具、劳动力需用量计划

6.3.5.1 施工工料分析

编制主要材料、机具、劳动力的需用量计划,首先必须进行工料分析。工料分析就是计算各项工程需要的各工种劳动力数量和各种主要材料、机械台班的需用量。工料分析是编制主要材料、机具、劳动力需用量计划的原始资料,也是安排生产计划、组织施工、备料和组织机具、材料进场的依据。

工料分析是根据施工图纸和施工定额来编制的。编制步骤是:列出施工过程项目,计算工程量,套用定额计算各施工过程的用工、材料数量和机械台班数量,然后列出工料分析表。计算用工、用料及机械台班数量时,分别套用施工定额中的劳动定额、材料消耗定额及机械定额。没有施工定额套用的作业项,可根据经验数据或指标套用,各单位根据自己需要的内容设计工料分析表。

6.3.5.2 主要材料、机具、劳动力需用量计划的编制

有了工料分析,就可以根据施工进度计划编制主要材料、机具、劳动力的需用量计划。编制这个计划的目的,在于按照工程进度及时地组织材料、机具和人力进场,保证施工顺利进行,保证施工进度计划的完成。在安排材料(特别是砂、石大堆材料)供应计划时,要根据所在地区的气象、气候和自然条件及运输情况等,考虑适当的储备量,以免造成停工待料。材料需用量计划可按月或按旬安排,对于用料数量很大的工程,应按旬安排计划;对于用料较少的工程,则可按月安排计划,组织供应。

6.4 施工场地设计

围绕地下工程,在地表需要建设支持施工的道路、动力供应和设备维修等辅助车间,以及物资存放仓库、指挥管理机构的办公房屋和人员生活用建筑,其中大多数为施工临时建筑,此外还得布置各类管线电缆等。这些建筑物与构筑物所形成的空间,就构成了地下工程施工的地表工业场地。

在进行施工场地设计时,为了达到合理布置的目的,应遵循以下原则。

(1)平面布置要力求紧凑,尽可能地减少施工用地,不占或少占农田(若为基本农田,按法律规定,只有国务院才有批准权限)。

(2)合理布置施工现场的运输道路及各种材料堆场、加工场、仓库位置、各种机具的位置;尽量使各种材料的运输距离最短,避免场内二次搬运。

(3)尽量减少临时设施的工程量,降低临时设施费用。利用原有建筑物,提前修建可供施工使用的永久性建筑物;采用活动式拆卸房屋和就地取材的廉价材料;临时道路尽可能沿自然标高修筑以减少土方量,加工场的位置可选择在开拓费用最少之处等。

(4)方便工人的生产和生活,合理地规划行政管理和文化生活福利用房的相对位置。

(5)符合劳动保护、环境保护、技术安全和防火的要求。

施工工业场地布置的成果,需要标在一定比例尺的施工地区地形图上,构成施工工业场地布置图。

6.4.1 工地供水

工地用水量由生产用水、生活用水和消防用水3个部分组成。生产用水是指掘进工程用水、混凝土工程用水,以及装岩运输机械、施工辅助车间和动力设备所耗用的水量。用水量与工程规模、机械化程度、施工进度、人员数量和气候条件等有关,变化幅度较大,可根据工程所在地的实际情况估计。生活用水指驻工地职工的饮用和卫生方面的一切用水,其用量也有一定的变化,可参考如下标准估算:生产工人平均用水量0.1~0.15m^3/d,非生产工人平均用水量0.08~0.12m^3/d;在消防方面,除按要求在设计、施工及布置等方面做好防火工作外,还应按临时建筑房屋每3000m^2消耗水量15~20L/s、灭火时间0.5~1.0h来计算消防用水储备量。

工地用水的水源,一般由现场实际情况而定,常用水源有山上泉水、河水或钻井取水,条件允许时也可使用自来水。在缺水地区,则用汽车运输或长距离管道供水。

临时供水管网一般有环状管网、枝状管网和混合管网3种布置方式。环状管网能保证供水的可靠性,但管线长、造价高,适用于要求供水可靠的建筑项目或建筑群;枝状管网由干管和支管组成,管线短、造价低,但供水可靠性差,适用于一般的中小型工程;混合管网是对主要用水区及干管采用环状,其他用水区及支管采用枝状的混合形式,兼有两种管网的优点,一般适用于大型工程。

供水管网的布置应在保证供水的前提下,使管道铺设越短越好,同时还应考虑在施工期间支管具有移动的可能性;布置管网时应尽量利用原有的供水管网和提前铺设的永久性管网;管网位置必须避开拟建工程场址;管网铺设要与土方平整规划协调。

6.4.2 工地供电

设计工地供电时主要解决3个问题:①确定用电地点和需电量;②选择电源;③设计供电系统。

6.4.2.1 工地需电量确定

在施工阶段中,由一个变电站控制的供电区域所需的总功率为

$$P = K \times \left(\frac{K_m \sum K_c P_y}{\cos\varphi_0} + \sum K_c P_z \right) \tag{6-2}$$

式中:P——供电区域所需的总功率(kVA);

K——考虑输电网路中功率损失的系数,一般取1.05~1.10;

K_m——动力用电的同时负荷系数,可采用0.75~0.85;

$\cos\varphi_0$——功率因素的平均计算值(施工现场最高为0.75~0.85,一般为0.65~0.75);

K_c——需电系数,一般取0.6~0.8,也可依据动力设备和照明设备的具体情况在相关

手册中查取；

P_y——动力用电的铭牌功率(kW)，见动力装置手册或说明书；

P_z——整个工地照明用电量总和(kW)。

6.4.2.2　选择电源和变压器

电源一般有工地自发电和地方电网供电两种方式。一般应尽量采用地方电网供电，自发电可作为备用，在地方电网供电不稳定时采用。在利用地方电网时，必须提前向供电部门申请。

在选择电源时，应根据重要程度分级，一般情况下，矿井提升设备、有沼气的地下工程通风设备、涌水量大的地下工程排水设备等如果停电可造成人身伤亡或设备损坏，经过长时间才能恢复生产的用户属于Ⅰ级用户。Ⅰ级用户应有两个独立的电源，以保证用户的供电。空气压缩机、混凝土搅拌机、水泵及井下照明线路、电机车充电机、整流设备等如果停电会造成大量废品、运输中断，给企业造成很大经济损失的属于Ⅱ级用户。对于Ⅱ级用户一般应采用双回路供电。

随用户不同，应供应不同电压的电能，一般照明用电为220V，动力用电为380V，某些大型工程机械则可能用600V或更高。为了保证安全，要求隧洞等地下工程施工工作面照明采用24～36V的安全电压。围岩稳定或支护后的隧道部分，若洞高于2.5m，按正规要求可在洞顶安装127V或220V电压的照明设施；若洞高低于2.5m，则须用安全电压供电。

选择变压器时，其容量为

$$P = K(\sum P_{max}/\cos j) \tag{6-3}$$

式中：P——变压器的容量(kW)；

K——功率损失系数，取1.05；

$\sum P_{max}$——各施工区最大计算荷载(kW)；

$\cos j$——功率系数，取0.75。

根据上述计算结果，可从变压器产品目录中选择适当型号的配电变压器。

关于电缆规格的选择设计可参照有关电工手册。

6.4.2.3　变压器及供电线路的布置

单位工程的临时供电线路，一般采用枝状布置，其要求如下。

(1)尽量利用已有的供电线路和已有的变压器。

(2)若只设一台变压器，线路作枝状布置，变压器一般设置在引入电源的安全区；若设置多台变压器，各变压器作环状连接布置，每个变压器与用电点作枝状布置。

(3)变压器设置在用电集中的地方，或者布置在现场边缘高压线接入处，高度要离地面超过3m，四周安装高度大于1.7m的护栏，并做明显警戒标志。变压器的位置不能影响生产和生活。

(4)宜在路边布置线路，距建筑物的距离应大于1.5m，电杆间距为25～40m，高度为4～6m，跨铁路时高度为7.5m。

(5)线路布置不得妨碍正常生产和生活,如影响交通和机械的施工、进出、装拆、吊装等,同时注意避开堆场、临时设施、基槽及后期工程所在地。

(6)按照电工相关规程操作和使用,注意接线和使用时的安全。

6.4.3　空气压缩机站设计

地下工程压气供应的主要对象是风动凿岩机、风镐等风动工具,以及喷射混凝土和其他风动机械。

6.4.3.1　压缩空气量计算

空气压缩机站的总压缩空气供应量为

$$Q = K_1 K_2 \sum n_i q_i K_i \tag{6-4}$$

式中:Q——压缩机站生产的总压缩空气量(m^3/min);

K_1——压缩空气在管网中输送时的能量损失系数,取1.1～1.3,与管线长度、弯头、闸阀等有关;

K_2——随海拔H(以km计)的升高而用气量增加系数,$K_2=1+0.12H$;

n_i——同一种类型风动机具数量;

q_i——每台风动机具消耗的压缩空气量,其经验数值参考表6-3;

K_i——风动机具同时工作系数,见表6-3。

表6-3　风动机具单台压缩空气用量和多台同时工作系数表

机械类型	压缩空气用量/($m^3 \cdot min^{-1}$)	同时工作机具数量/台	同时工作系数
凿岩机	3.0～3.5	1～10	1.0～0.85
装岩机	5.0～6.0	1～2	1.0～0.75
混凝土喷射机	9.0～12.0	1～2	1.0～0.75

6.4.3.2　空气压缩机的选择

空气压缩机根据动力可分为内燃空压机和电动空压机,根据结构特点可分为移动式和固定式两种,根据容量可分为大容量、中容量、小容量3种。一般大容量空压机为固定式。选用空压机应根据工地有无足够的电源供应、工程量大小和集中程度以及施工机动性等确定。一般工程量大而集中、工期长的工程,应选用电动大容量固定式空压机;反之,选用小容量移动式空压机。当缺乏电力或零星工程施工时,则选用移动式内燃空压机。

另外,根据用气量的变化,确定配置空压机容量和台数,并配备必要的备用机组。

6.4.3.3　压缩空气管路

压缩空气管路设计主要是确定压缩空气输送管径。为了避免和减少管路中的风压损失,除必须按照管路铺设要求连接和防止接头漏气外,还必须根据管路长度和输送的压缩空气量,适当地选择管径。管径太小,空气流速过大,会增加与管壁的摩擦阻力,使风压损失过大;管径过大又不经济。选用管径要求:在最长的管路中,风压损失不应超过10%~15%,一般空压机处的压缩空气压力为0.6~0.7MPa,而最远处进入凿岩机的风压不宜低于0.5 MPa,否则将影响凿岩机的使用效果。确定管径可根据经验公式计算

$$d=20\sqrt{Q} \tag{6-5}$$

式中:d——所需管径(mm);

Q——管内压缩空气流量(m^3/min)。

6.4.4 运输道路

施工运输道路应按材料构件和工程运输的需要,沿其仓库和堆场来布置,运输道路的布置原则和要求有:主要道路应尽可能利用已有道路或规划的永久性道路的路基,根据建筑总平面图上的永久性道路位置,先修筑路基作为临时道路,工程结束后再修筑路面;最好是作环形布置,并与场外道路相接,保证车辆行使畅通,如不能作环行布置,应在路端设置倒车场地;距离装卸区越近越好;满足机械施工的需要;考虑消防的要求,使道路靠近建筑物、木料场等易燃地方,以便车辆直接开到消火栓处,消防车道宽度不小于3.5m;道路路面应高于施工现场地面标高0.1~0.2m,两旁应有排水沟,一般沟深与底宽均不小于0.4m,以便排除路面积水,保证运输。

6.4.5 工程用施工仓库设计

根据物资器材和设备存放的不同要求,工地仓库分为敞棚式和库房式。仓库中的库存量一方面要保障工程施工的需要,另一方面又应避免贮存过多而积压浪费。

工程一般需要建筑设备及零部件仓库、金属材料仓库、水泥仓库、爆破器材仓库、油料及危险品仓库等。在设计仓库时必须确保仓库建筑物中的所有物资在存放中不变质,不损坏,不丢失。为了确保施工安全,尤其要注意爆破器材仓库、油料及危险品仓库的位置。

6.4.5.1 临时炸药库

根据地质、地形条件不同,炸药库有地面式及硐室式等形式。设置临时炸药库应考虑如下方面。

(1)应布置在偏僻远离人流、货流通过的地区,合理利用地形,可布置在有天然屏障的地段。

(2)炸药库与工地建筑物及附近居民区、道路、输电线路之间要保持一定的安全距离,安全距离可计算为

$$R=k\sqrt{q} \tag{6-6}$$

式中:R——最小安全距离(m);

q——爆炸的炸药量(kg);

k——安全系数,见表6-4。

表 6-4 炸药爆炸后空气冲击破坏安全系数表

安全等级	破坏程度	安全系数	
		没有土堤	有土堤
1	安全无破坏	50～150	10～40
2	玻璃窗偶然破坏	10～30	5～9
3	玻璃窗完全破坏，门及窗局部破坏，内墙有裂纹	5～8	2～4
4	内隔墙、门、木板房及板棚等破坏	2～4	1.1～1.9

选择安全系数时，应根据可能爆炸的具体情况及被保护的建筑物确定。

(3)雷管与炸药库之间的安全距离

$$R\varphi=K\varphi\sqrt{N} \tag{6-7}$$

式中：$R\varphi$——最小安全距离(m)；

$K\varphi$——安全系数，双方均无土堤时，$K\varphi=0.06$，双方均有土堤时，$K\varphi=0.03$；

N——库内存放的雷管数(个)。

(4)在炸药库房修筑土堤时，土堤应高出屋檐 1.5m，其上部宽度不小于 1m，下部按土壤静止角 45°～60°范围确定。土堤与库房墙间距为 2～3m，并设有排水沟。

(5)应在炸药库设围墙或铁丝网，它们与炸药库墙距离不小于 40m，围墙外 3～5m 的地方由炸药库管理。

(6)炸药库房屋结构应不低于《建筑设计防火规范》(GB50016—2016)中规定的耐火等级二级的各项要求。炸药库中应设计消防水管及贮水量充足且不冻结的蓄水池。

(7)在炸药库内不准使用明火。

6.4.5.2 临时油料库

工程施工临时油料库因服务年限短多采用地上式。油料库一般包括库房及发料间，室外应设装卸平台。

油料库设置时应注意如下几点。

(1)建筑物的耐火等级不得低于二级，建筑物主要部件应采用准燃烧体材料及非燃烧体材料，油库内外应设消防灭火设施。

(2)油库与其他建筑物、铁路、公路等的防火间距应符合现行《建筑设计防火规范》(GB50016—2016)的规定。

(3)油库中应有良好的通风隔热措施。

(4)库房内人工照明应采用防爆照明。

6.4.5.3 材料及构件堆场

材料及构件堆场的面积为

$$F=Q/(nqk) \tag{6-8}$$

式中：F——材料、构件堆场或仓库所需的面积；

Q——某种材料现场总用量；

n——某种材料分批进场次数；

q——某种材料每平方米的储存定额；

k——堆场、仓库的面积利用系数。

材料及构件堆场应遵循的布置原则为：预制构件应尽量靠近垂直运输机械，以减少二次搬运的工程量；一般不宜露天堆放各种钢构件；砂石应尽量靠近泵站，并注意运输装卸方便；在拟建工程周边方便处布置工程所需原材料。

6.4.6　工地其他临时房屋

工地其他临时房屋大概可以分为：①办公用房，如工程指挥部、工区的办公室、会议室等；②居住用房，主要是现场人员宿舍；③文化娱乐用房，如俱乐部、图书室等；④生活福利用房，如医院、商店、食堂、浴室、理发室、厕所等。

修建这些临时房屋时，一方面应该满足以上各方面的实际需要，另一方面又必须尽一切可能减少修建费用。

(1)尽量利用施工地区附近村镇、城市的民房和文化福利设施。

(2)采用装配式结构和移动式的临时房屋，以便转移到其他工地使用。

(3)对于不能拆迁的临时房屋，尽可能地利用当地材料修建，并按使用年限选用适当的建筑标准。

(4)办公室、职工宿舍等布置，应便利工人的生产与生活，既要靠近施工现场，又要避开洞口和其他产生噪声点，不影响办公室工作人员和保证作业人员的休息。

工地临时房屋的需要量取决于工程规模、工期长短等因素。可根据工地的工人、干部及家属的总人数和国家规定的房屋面积定额，算出各类房屋的建筑面积，并参照工程所在地区的具体条件来确定。

7　生产实习成绩评定

7.1　生产实习日记

生产实习日记的记录应包含两个部分:实习日志及实习体会。其中实习日志应详细记录当天的实习情况,既是学生知识积累的一种方式,也是考核学生实习成绩的一个重要依据。实习体会是把这段时间的实习情况,对一些问题的讨论和看法,以及课堂上学过的基础知识结合起来,总结从中得到的收获,表达对此次实习的看法和认识,以及对生产实习提出改进建议。

学生根据实习大纲的基本要求,每天认真记录当天的实习情况,具体应做到:日记中应详细记录当天的实习内容、心得体会以及对一些问题的讨论与看法;根据每天的实习情况,认真做好各种资料的积累、整理工作,包括讲座资料、情况介绍的笔记等。

7.2　生产实习报告

为了圆满完成生产实习,对生产实习的内容特作如下说明,并要求在生产实习结束后,每个学生参照以下提纲,提交一份字迹清楚、工整,图表齐全,内容全面的实习报告。生产实习报告要求如下。

(1)撰写实习报告是编写技术报告的一项训练,要足够重视,独立完成。

(2)实习报告反映整个实习的内容和认知。

(3)实习报告逻辑性强,语言通顺,图文并茂,插图准确。

(4)实习报告主要写实习中亲自参与的部分,不能抄袭。文本字数在5000字以上,A4纸张打印,实习生签名。

主要应该包括如下内容。

1. 实习现场工程概况

首先需要了解工程所在地区的交通位置、地形地貌、气象、水文情况,可能利用的运输道路、电力、水源及建筑材料等情况,施工场地、弃碴条件以及当地居民点社会状况、生活条件等情况。

其次了解工程地质和水文地质特征,具体包括地层、岩性及地质构造特征,着重阐明地质构造变动的性质、类型、规模,断层、节理、软弱结构面特征及岩体的基本物理力学性质,地下水类型、含水层的分布范围、水量和补给关系、水质及其对混凝土的侵蚀性等,特别是影响工程进度的不良地质和特殊地质现象(流砂、岩溶、人为坑洞、滑坡等)。

2. 施工方案与施工过程

地下工程施工方案的主要内容一般包括施工顺序、施工方法、施工机械设备的选择、施工流水组织、施工方案的技术经济评价等。

地下工程施工过程可分为开挖(包括钻爆与装运岩石)、支护(包括临时、永久性支护和衬砌)、安装3个部分工作。

在实习报告的撰写过程中,应阐明实习项目总体施工方案及施工过程方法,重点描述实习生所参与环节的施工工艺流程。

若实习内容主要为地下建筑工程施工监测,还需描述监测的目的与意义、监测项目及监测方法、监测具体实施方案等内容。

3. 施工组织管理内容

(1)施工单位的组织机构、人员编制、科室职能。

(2)施工管理制度:生产规章制度、定额管理制度。

(3)施工技术管理:施工组织设计、生产安全和工程质量管理。

(4)施工工程管理:工程技术档案管理、工程预算管理。

(5)施工队伍人员管理方法。

(6)劳动生产率和作业循环图表。

4. 施工现场存在的主要问题及改进措施

学生应结合理论知识和实习的主要内容,分析施工现场存在的主要问题,如讨论施工方案是否需要优化,施工技术是否需要进一步改进,施工管理水平是否有待提高等,并根据实际问题提出相应的改进措施或方法。

7.3 生产实习成绩

秋季学期第一周提交实习日志和实习报告,开学第一周周末组织生产实习答辩。成绩评定方式:①各项学习项目所占比重为实习日志30%、实习报告40%、实习答辩30%;②指导老师评阅未通过者(实习日志或报告单项未及格)不得参加答辩。

主要参考文献

北京市建设委员会,2007.地铁工程监控量测技术规程:DB 11490—2007[S]. 北京:中国铁道出版社.

崔江余,梁仁旺,1999.建筑基坑工程设计计算与施工[M].北京:中国建材工业出版社.

高谦,罗旭,吴顺川,等,2006.现代岩土施工技术[M].北京:中国建材工业出版社.

国家铁路局,2016.铁路隧道设计规范:TB 10003—2016[S]. 北京:中国铁道出版社.

马保松,STEIN D,蒋国盛,2004.顶管和微型隧道技术[M].北京:人民交通出版社.

王梦恕,2010.中国隧道与地下工程修建技术[M].北京:人民交通出版社.

夏才初,李永盛,1999.地下工程测试理论与监测技术[M].上海:同济大学出版社.

余志成,施文华,1999.深基坑支护设计与施工[M].北京:中国建筑工业出版社.

张凤祥,傅德明,杨国祥,等,2005.盾构隧道施工手册[M].北京:人民交通出版社.

中国铁路总公司,2015.铁路隧道监控量测技术规程:QCR 9218—2015[S]. 北京:中国铁道出版社.

中华人民共和国交通运输部,2004.公路隧道设计规范:JTG D70—2004[S]. 北京:人民交通出版社.

中华人民共和国交通运输部,2020.公路隧道施工技术规范:JTG/T 3660—2020[S]. 北京:人民交通出版社.

中华人民共和国水利部,2018.水工隧洞安全监测技术规范:SL 764—2018[S]. 北京:中国水利水电出版社.

中华人民共和国住房和城乡建设部,2013.地铁设计规范:GB 50157—2013[S]. 北京:中国建筑工业出版社.

中华人民共和国住房和城乡建设部,2014.建筑设计防火规范:GB 50016—2014[S]. 北京:中国计划出版社.

中华人民共和国住房和城乡建设部,2015.岩土锚杆与喷射混凝土支护工程技术规范:GB 50086—2015[S].北京:中国计划出版社.

中华人民共和国住房和城乡建设部,2017.盾构法隧道施工及验收规范:GB 50446—2017[S]. 北京:中国建筑工业出版社.

周爱国,2004.隧道工程现场施工技术[M].北京:人民交通出版社.

周传波,陈建平,罗学东,等,2006.地下建筑工程施工技术[M].北京:人民交通出版社.

周传波,何晓光,郭廖武,等,2005.岩石深孔爆破技术新进展[M].武汉:中国地质大学出版社.

图书在版编目(CIP)数据

土木工程专业生产实习指导书:地下建筑工程分册/蒋楠主编 .—武汉:中国地质大学出版社,2020.5(2022.8 重印)
(中国地质大学(武汉)土木工程实践系列丛书)

ISBN 978-7-5625-4742-6

Ⅰ.①土…
Ⅱ.①蒋…
Ⅲ.①土木工程-生产实习-高等学校-教学参考资料 ②地下工程-生产实习-高等学校-教学参考资料
Ⅳ.①TU-45

中国版本图书馆 CIP 数据核字(2020)第 066078 号

土木工程专业生产实习指导书:地下建筑工程分册

蒋 楠 主 编
罗学东 谭 飞 程 瑶 副主编

责任编辑:彭 琳　　责任校对:张咏梅

出版发行:中国地质大学出版社(武汉市洪山区鲁磨路 388 号)　　邮政编码:430074
电 话:(027)67883511　　传 真:(027)67883580　　E-mail:cbb @ cug.edu.cn
经 销:全国新华书店　　http://cugp.cug.edu.cn

开本:787 毫米×1092 毫米 1/16　　字数:196 千字　　印张:8.75
版次:2020 年 5 月第 1 版　　印次:2022 年 8 月第 2 次印刷
印刷:武汉市籍缘印刷厂

ISBN 978-7-5625-4742-6　　定价:42.00 元